U0463014

我思

敢於運用你的理智

崇文學術·邏輯

因明入正理論疏

（金陵本）

［唐］窺基　撰

因明正理門論述記

（金陵本）

［唐］神泰　撰

長江出版傳媒
崇文書局

圖書在版編目（CIP）數據

因明入正理論疏：金陵本 /（唐）窺基撰. 因明正理門論述記：金陵本 /（唐）神泰撰. -- 武漢：崇文書局，2024. 9. --（崇文學術）. -- ISBN 978-7-5403-7750-2

Ⅰ. B81-093. 51；B351

中國國家版本館 CIP 數據核字第 2024LQ3127 號

因明入正理論疏（金陵本）
因明正理門論述記（金陵本）

出 版 人　韓　敏
出　　品　崇文書局人文學術編輯部
策 劃 人　梅文輝（mwh902@163.com）
責任編輯　梅文輝　葉　芳
封面設計　甘淑媛
責任印製　李佳超
出版發行　長江出版傳媒｜崇文書局
地　　址　武漢市雄楚大街 268 號 C 座 11 層
電　　話　（027）87679712　　郵政編碼　430070
印　　刷　武漢中科興業印務有限公司
開　　本　880 mm×1230 mm　1/32
印　　張　9. 125
字　　数　110 千
版　　次　2024 年 9 月第 1 版
印　　次　2024 年 9 月第 1 次印刷
定　　價　78. 00 元

若有印刷、裝訂質量問題，由本社負責調換

版權所有　翻印必究

因明入正理論疏

因明正理門論述記

因明疏總科

此依疏內略加删易務期簡明以便讀者了然知其大意

一部之中大文分二

△初一頌及長行標宗隨釋分二

初總綰羣機 如是總攝諸論要義

次依標隨釋六

一明眞能立三

二明似能立二

初別解似三

初解似宗二

次解似因二

初結前生後 已說

後依標正解二

初總列三名 不成

後隨列別釋三

初標釋不成四

次標釋不定六

初前一頌舉類標宗

後諸長行隨標別釋三

初舉體釋義 此中宗等多言

次宗相廣陳三

後總結簡擇二

初牒已說有過非眞 雖樂

後隨標似列指釋結三

因明疏總科

初隨標列名二

次隨列指法九

後隨指釋結 如是多言

一兩俱不成

二隨一不成

三猶豫不成

四所依不成

一共不定

一示宗相 此中宗者

二示因相 因有三相

三示喻相 喻有二種

初結成前 已說宗等

後簡同異 唯此三分

一

初隨古列 現量相違

後隨今列 能別不極成

一現量相違

二比量相違

三世間相違

四自教相違

五自語相違

六能別不極成

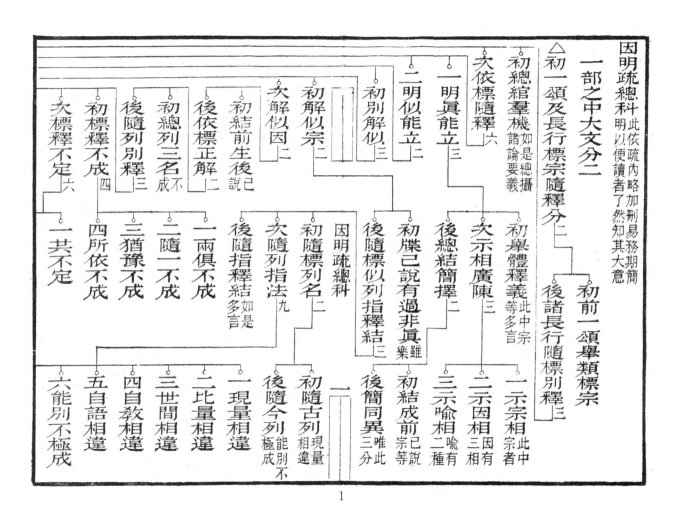

後標釋相違四
後解似喻二
初結前生後（已說）
後依生正釋二
初標同異名（似同）
後別解釋二
初解同喻二
後解異喻五
後結非眞（如是等似）
三明二眞量四
四明二似量二
五明能破三
六明似破三
初標似破（若不實顯能立）
次出似破體（謂於圓滿）
後結名辨所以（如是）

二不共不定
三同分異全
四異分同全
五俱品分轉
六相違決定
初別解五
後總結非（如是名似同法喻品）
一所立不遣
因明疏總科
二能立不遣
三俱不遣
四不離
五倒離
初似現量（有分別智於義異轉）
後似比量（若似因智爲先所起）
初標能破（復次若正顯示能立）
次辨能破境（謂初能立缺減）

七所別不極成
八俱不極成
九相符極成
一法自相相違
二法差別相違
三有法自相相違
四有法差別相違
一能立法不成
二
二所立法不成
三俱不成
四無合
五倒合
一明立意（復次爲自開悟）
二明遮執（當知唯有現比）
三辨量體二
初現量（此中現量）

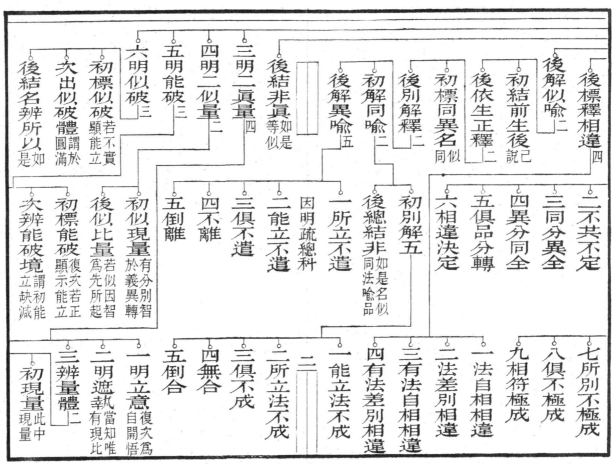

後示略息煩且止斯事

後兼顯悟他結能破虎顯示此言開曉號問者故名能破

後比量言比量者

四明量果於二量中

△末後一頌顯略指廣分

因明入正理論疏卷一

唐京兆大慈恩寺沙門窺基撰

詳夫空桑啟聖賁六位以明玄苦賴興仙暢二篇而顯理豈若智圓十力陶萬像以凝規悲極三輪廓五乘而垂範是以應物機於雙樹至教浹於塵洲歸眞寂於兩河餘烈光乎沙劫大矣哉固難得而名也曁乎二十八見蟻聚於五天一十六師鵄張於四主爰有菩薩號商羯羅聖者域龍之門人也旣資善誘實號多聞挹慧海於深衷竦義山於奧腑故乃鑿荆岑而採璞遊蛤浦以求珠祕思優

柔乃製宏論其旨繁而文約其理幽而易曉實法戸之樞機乃玄關之鈐鍵矣遂令勝論數論同喬山之押春筍聲生聲顯譬驚飈之卷秋蘀自時厥後教思波紛勝躅肇彰軌轍終廣粵以金容皎夢玉牒暉晨雖至教已隆而斯典未備惟我親教三藏大師道貫五明聲映千古嗟去聖之彌遠慨心冰之未釋遂乃振錫中區以發覺城之地尋師西夏直詣耆闍之山轥曩哲之未聞並苞心極架前賢之不覩咸貫情樞於是貝葉撰於微言家邦返以神足方言旣譯道理攸暢基謬參賚列欣夕死

於朝聞。恐此道不行。乃略述開釋。示紀綱之旨。陳
幽隱之宗。庶明懸智鏡者。幸留心鑒照矣。
今此論中。略以四門分別。一敘所因。二釋題目。三
彰妨難。四釋本文。
第一敘所因者。因明論者。源唯佛說。文廣義散。備
在衆經。故地持云。菩薩求法。當於何求。當於一切
五明處求。求因明者。爲破邪論。安立正道。劫初足
目。創標眞似。爰暨世親。咸陳軌式。雖綱紀已列。而
幽致未分。故使賓主對揚。猶疑立破之則。有陳那
菩薩。是稱命世。賢劫千佛之一佛也。匿跡巖藪。棲

慮等持。觀述作之利害。審文義之繁約。于時崖谷
震吼。雲霞變彩。山神捧菩薩足。高數百尺。唱云。佛
說因明。玄妙難究。如來滅後。大義淪絕。今幸福智
悠邈。深達聖旨。因明論道。願請重弘。菩薩乃放神
光。照燭機感。時彼南印度案達羅國王。見放光明。
疑入金剛定。請證無學果。菩薩曰。入定觀察。將釋
深經。心期大覺。非願小果。王言。無學果者。諸聖攸
仰。請尊速證。菩薩撫之。欲遂王請。妙吉祥菩薩因
彈指警曰。何捨大心。方興小志。爲廣利益者。當傳
慈氏所說瑜伽論。匡正頹綱。可制因明。重成規矩。

陳那敬受指誨奉以周旋於是覃思研精作因明正理門論正理者諸法本眞之體義門者權衡照解之所由商羯羅主卽其門人也豈若蘇張之師鬼谷獨擅縱橫游夏之事宣尼空聞禮樂而已旣而善窮三量妙盡二因啟以八門通以兩益考覈前哲規模後頴總括綱紀以爲此論大師行至北印度境迦濕彌羅國法救論師寺逢大論師僧伽耶舍此云衆稱特善薩婆多及因聲明論創從考決便曉玄猷後於中印度境摩揭陀國復遇尸羅跋陀羅菩薩等重討幽微更精厥趣披枝葉而窮

其根柢尋波瀾而究其源穴雖前修而桂悟未列我師之芳閑旋踵弘揚用訓初學庶使對揚邪正司南有軌斯乃此論之因起也

第二解題目者梵云醯都費陀（次上二字並舌頭以輕聲呼之）那耶鉢羅吠奢奢薩怛羅醯都言因費陀云明那耶稱正理鉢羅吠奢翻入奢薩怛羅論也唐云因明正理入論今順此方言稱因明入正理論依此標名合爲五釋一云明者五明之通名因者一明之別稱入正理者此論之別目因體有二所謂生了二各有三廣如下釋今明此因義故曰因明所明

者因。能明者教因之明。故號曰因明。依主釋也。入者達解。正理者諸法本眞自性差別。時移解昧。旨多沈隱。餘雖解釋。邪而不中。今談眞法。故名正理。由明此二因入解諸法之眞性。卽正理之入。亦入正理之因明。並依主釋也。明體是教。因明卽論。持業釋也。簡藏爲名。無重言失。二云因明者。一明之都名。入正理者此軸之別目。因謂立論者言建本宗之鴻緖。明謂敵證者智照義言之嘉由。非言無以顯宗。含智義而標因稱。非智無以洞妙。苞言義而舉明名。立破幽致稱爲正理。智解融貫名之爲入。由立論者立因等言。敵證智起解立破義。明家因故名曰因明。依主釋也。由言生智達解法之幽致名入。正理之入。亦入正理之因明。並依主釋。三云因者言生因。明者智了因。由言生故未生之智得生。由智了故未曉之義今曉。所曉宗稱正理。所生智名爲入。因與明異俱是因名。正理入殊咸爲果稱。由言生因故敵者入解所宗。由智了明故立者正理方顯。應云正理之入。亦入正理之因明。並依主釋也。立論雖假言生方生敵論之智。必資智義始有言生。敵者雖假智了方解所立之宗。必籍義言方有智了。故雖但標言生智了。卽已兼說二了二生。攝法已周。略無餘也。四云因明者。本佛經之名。正理者。陳那論之稱。陳那所造四十餘部。其中要最正理爲先。入論者。天主教之號。因謂智了。照解所宗。或卽言生。淨成宗果。明謂明顯。因卽是明。持業釋也。故瑜伽論第十五言。云何因明處。謂於觀察義中。諸所有事。所建立法。名觀察義。能隨順法。名諸所有事。諸所有事。卽是因喻。爲因照明觀察義故。正理簡邪。卽諸法本眞自性。差別。陳那以外道等妄說浮騁。遂申趣解之由。名爲門論。天主以旨微詞奧。恐後學難窮。乃綜括紀綱。以爲此論。作因明之階漸。爲正理之源由。窮趣二教。稱之爲入。故依梵語。因明正理入論。依主釋也。五云因明正理俱陳那本論之名。入論者方是此論之稱。由達此論。故能入因明正理也。或因明者。卽入論名。正理者陳那教稱。由此因明論能入彼正理。故或因明者能入所入論之通名。入正理者能入所入論之別稱。由此因明能入論。故達解所入因明正理。或此應云因卽是明。正者卽理。並持業釋。此五釋中。第一因之明。第二明之因。第三因與明異。

第四因卽明第五屬在何教正理亦五一諸法眞性二立破幽致三所立義宗四陳那本論五總通前四由此一一别配但爲五解綺互釋之合成二十五釋恐文繁廣故略不述然依初解教亦因明依後四釋教是彼具亦名因明論者量也議也量定眞似議詳立破決擇性相教誡學徒名之爲論依後四釋旣是所詮論者是教卽因明入正理之論依主釋也欲令隨論因生之明而入正理故說此論如中觀論或此辨說因明正理之能入立此論名如十地經或依能入正理因明而說此論如

水陸華故以爲號商羯羅主菩薩造者梵云商羯羅塞縛彌菩提薩埵訖栗底商羯羅者此云骨璅塞縛彌者此云主菩提薩埵義如常釋訖栗底者造唐音應云骨璅主菩薩造外道有言成劫之始大自在天人間化導二十四相匡利旣畢自在歸天事者傾戀遂立其像像其苦行悴疲飢羸骨節相連形狀如璅故標此像名骨璅天劫初雖有千名時減猶存十號此骨璅天卽一名也菩薩之親少無子息因從像乞便誕異靈用天爲尊因自立號以天爲主名骨璅主卽有財釋此論是彼之所

造也。

第三明妨難者。一問何故不名宗明喻明但稱因明。答。因有三相名義寬故。又諸能立皆名爲因非唯一相宗由此立總名因明。二問眞因眞明可說因明。似因似明應非因明。答。舉眞攝似或已攝故。或兼明之。非正明故。三問量立量破可名因明。過破似破應非因明。答。是因明類故。或似眞俱因明。名略已攝故。四問立破有言智可是因明。現比無智言應非因明。答。見因亦明。見因證明。自證亦因。故皆因明。五問智生智了可名因明。二了二生非智應因非是明。答。是明之因。或皆順照成宗義故。六問因喻能立可說因明。宗非能立應非因明。答。由不決定故所立非從定爲名故無有失。又能因能明正是因明。所因所明兼亦因明。又今者所立唯宗能立雖唯因喻言不違古宗亦因明。七問何故不名果明但名因明。答。果有果之明非果皆卽明。因有因之明是因皆卽明。果明不定義亦有濫。因明兩定義亦無濫故名因明。本欲以因成果義故。不欲以果成因義故。

第四釋本文者

能立與能破。及似唯悟他。現量與比量。及似唯自悟。

一部之中大文有二。初一頌及長行標宗隨釋分。末後一頌顯略指廣分。初分有二。前之一頌舉類標宗。後諸長行隨標別釋條貫義類舉標論宗。於前所標隨應釋故。初頌之中談頌有一彰悟有二。論句有四明義有八。一頌四句文矚可知悟他自悟論各別顯四眞四似卽爲八義。一者能立因喻具正宗義圓成顯以悟他故名能立。陳那能立唯取因喻古兼宗等。因喻二義。一者具而無闕離七等故。二者正而無邪離十四等故。宗亦二義。一者支圓能依所依皆滿足故。二者成就能依所依俱無過故。由此論顯眞而無妄義亦兼彰具而無闕。發此誠言生他正解。宗由言顯故名能立。由此似立決定相違雖無闕過非正能立。不能令他正智生故也。二者能破。敵申過量善斥其非。或妙徵宗故名能破。此有二義。一顯他過他立不成。二立量非他他宗不立。諸論唯彰顯他過破。理亦兼有立量徵詰發言申義證敵俱明。敗彼由言故名能破也。三者似能立。三支互闕多言有過虛功自陷故名似立。此有二義。一者闕支宗因喻三隨應闕減。二者有過設立具足諸過隨生僞立妄陳邪宗謬顯興言自陷故名似立。四者似能破。敵者量圓妄生彈詰所申過起故名似破。此有二義一者敵無過量妄生彈詰十四過類等。二者自量有過謂爲破他僞言謂勝故名似破。文說與字。表多體相違。立破眞似體義有異。說與字者顯體相違。致及似言顯過通能立破。表前能立有似能立幷顯能破有似能破。舉眞等似故稱及也。宗義各

定本所解也邪正難知未共許故由況既彰由因況喻彰謂顯也是非
遂著宗成曰是不成曰非著者明也眞似言興是非宗曉功成勝負彼此俱
明能立能破由自發言功既成勝證敵俱解似立似破自功成負由他指迹證立俱明故從
多分皆悟他也理門論云隨其所應爲開悟他說
此能立及似能立能立悟敵及證義者由自發言
生他解故似立悟證及立論主由他顯己證自解
生故言隨應能破似破準知亦爾此論下文能立
能破皆能悟他似立似破不能悟他正與彼同故
此頌中據其多分皆悟證者言唯悟他不言自悟
又眞立破唯悟於他似雖亦自從眞名唯五者現

量行離動搖明證衆境親冥自體故名現量能緣行相
不動不搖自唯照境不籌不度離分別心照符前境明局自體故名現量然有二類一定位二散心
定心澂湛境皆明證隨緣何法皆名現量一切散心若親於境冥得自體亦皆現量六者比
量用已極成證非先許共相智決故名比量因喻已成
宗非先許用已許法成未許宗如縷貫華因義通被共相智起印決先宗分別解生故名比量雖將
已許成未許宗智生不決非比量攝七者似現量行有籌度非明證
境妄謂得體名似現量散心有二一有分別二無分別諸似現量偏在二心
有分別心妄謂分明得境自體無分別心不能分明冥證境故名似現量論據決定唯說分別非無
分別心皆唯現量故八者似比量妄興由況謬成邪宗相違
智起名似比量妄起因喻謬建邪宗順智不生違解便起所立設成此彼乖角異生

分別名似比量。及似等言皆準前釋。法有幽顯。幽微顯著也。若現量境理幽事顯。若比量境所立爲幽。能立爲顯。行分明昧。行謂能緣心等行相。眞現比於境幽顯俱明。似現比於境幽顯俱昧。故此二刊定唯悟自非他。現比因果唯自智故。二刊定悟自非他。雖自不曉無以悟他。理應頌中後他先自。但以權衡之制本以利人。故先悟他後方自悟。辨此八義略以三門。一明古今同異。二辨八義同異。三釋體相同異。明古今同異者。初能立中。瑜伽十五。顯揚十一。說有八種。一立宗。二辨因。三引喻。四同類。五異類。六現量。七比量。八正教量。對法亦說有八。一立宗。二立因。三立喻。四合。五結。六現量。七比量。八聖教量。皆以自性差別而爲所立。瑜伽顯揚八能立中。三引喻者總也。同類異類者別也。於總比況假類法中。別引順違同品異品而爲二喻。總別有殊。分爲三種。離因喻外無別合結。故略合結而不別開。對法無著八爲能立。順前師故。以因總別既無離合。喻之總別何假合離。故總說一。不開二喻。離喻既缺。故加合結。合結雖離因喻。非有令所立義重得增明。故須別立。喻過既說無合倒合。翻立眞支理須有合。合既別立。結亦須彰。由此亦八。古師又有說四能立。謂宗及因同喻異喻。世親菩薩論軌等說能立有三。一宗。二因。三喻。以能立者必是多言。多言顯彼所立。便足。故但說三。且喻總別。終是見邊。故對法言。立喻者。謂以所見邊。與未所見邊。和合正說。師子覺釋。所見邊者。謂已所顯了分。未所見邊者。謂未所顯了分。以顯了分顯未顯了分。令義平等所有正說。名爲立喻。故總說一喻。已令所立見邊。何假別開。或三或二。喻中無合義乃不明。倒合倒成。故說爲過。離因及喻。都無勝體。故不說在眞能立中。但說因初喻隨其後。合義已明。重說有結。一何煩長。故總略之。

立論者之現量等三。疏有悟他。故名能立。敵論者之現量等三。親唯自悟。故非能立。今者陳那因喻爲能立。宗爲所立。自性差別。二並極成。但是宗依。未成所諍。合以成宗。不相離性。方爲所諍。何成能立。故能立中。定除其宗。問。然依聲明。一言。云婆達南。二言。云婆達泥。多言。云婆達。今此能立婆達聲說。既並多言。云何但說因喻二法。以爲能立。答。陳那釋云。因有三相。一因。二喻。豈非多言。非要三體。由是定說宗是所立。陳那以後。略有三釋。一云。宗言所詮義爲所立。故瑜伽論第十五云。所成立義有二種。一自性。二差別。能成立法有八種。其宗能詮之言。及因等言義皆名能立。其宗之言因喻成故。雖亦所立。彼於論說。何故先立宗耶。爲先顯示自所愛樂宗義故。亦所立。非定所立。能成義故。猶如於因喻所成故。但名能立。宗所詮義定唯所立。獨名所成。二云。諸法總集自性差別。若敎若理俱是所立。論俱名義隨應有故。總中一分對敵所申。若言若義自性差別俱名爲宗。卽名能立。雖此對宗亦是所立。能立總故。得能立名。故陳那等宗名所立。與瑜伽等理不相違。瑜伽等不說宗一向唯

能立故。三云。自性差別。合所依義。名爲所立。能依合宗說爲能立。總立別故。非此總宗定唯能立。對敵合申因喻成故。亦是所立。由非定所立。故得能立名。陳那但以其許因喻成他未許。他未許者唯是合宗。宗爲所立。自性差別俱是宗依。非是所立。所立之具。所望義殊。不相違也。不爾。慈氏無著天親豈不解因明。說所爲能立。次解能破中。諸論但有顯敵過破。無立量破。立量卽顯彼之過故。顯過破中。古師有說八爲能立。闕一有八。闕二有二十八。乃至闕七有八。闕八有一。亦有說四以爲能立。

闕一有四闕二有六闕三有四闕四有一世親菩薩缺滅過性宗因喻中闕一有三闕二有三闕三有一世親已後皆除第七以宗因喻三爲能立總闕便非既本無體何成能立有何所闕而得似名陳那菩薩因一喻二說有六過即因三相六過是也闕一有三闕二有三無闕三者大師至彼六十年前施無厭寺有一論師名爲賢愛精確慈悲特以貫世因明一論時無敵者亦除第七自餘諸師不肯除之因一喻二即因三相雖有申宗不申因喻如數論者執我爲思不申因喻豈非過也又雖有言三相並闕如聲論師對佛法者立聲爲常德所依故猶如擇滅諸非常者皆非德依如四大種此德依因雖有所說三相並闕何得非似由此第七亦缺滅過似能立中且九似宗陳那菩薩理門等論立有五種不說後四謂能所別俱不極成相符極成以理門說宗等多言說能立此中唯取隨自意樂爲所立說名宗非彼相違義能遣後之四種既非相違所以略之天主宗過不但相違故申九種第二釋云陳那菩薩以能別不成即是因中不共不定等過亦是喻中所立不成闕無同喻等

過所別不成有法無故即因過中所依不成過其俱不極成即合是二過相符極成者凡所立論名義相違既曰相符便非所立本非宗故依何立過如諸俗人不受戒者非受戒類依何說有持戒破戒是故不說後之四過今者天主加能別不成以宗合取不相離性方得成宗若非能別誰不相離若以因中是不共不定等亦是喻中所立不成恐繁重故不須說者因中已有闕同品有不共等過喻中復說能立不成一何鄭重是故加之天主復加所別不成者若以是因所依不成亦恐重故略

不須說者因中已有異品品徧轉等不定過及是異品非徧無過異喻之中更何須說能立不遣何廢宗過亦爲因過餘難同前是故加之俱不成者合二爲之要有二種互相差別不相離性方得成宗彼二並非何成宗義是故加之若此上三不立過者所依非極便更須成宗既非眞何名所立相符極成者若以相符本非宗故依何立過兩俱不成及俱不成幷俱不遣本非因喻依何立過若以因喻有所申述何非過者宗亦有說如何非過是故加之但陳邢影略說天主委具陳之非是師資自

爲矛盾。又陳那以前古師。宗中復說宗因相違過。
陳那理門自破之云。諸有說言宗因相違名宗違
者。此非宗過。以於此中立聲爲常。一切皆是無常
故者。是喩方便惡立異法。由合喩顯非一切故。陳
那意言。如聲論者。立聲爲常。一切皆是無常故因。
是彼外道立宗之喩。方便矯智惡立異法無常之
義非欲成宗所立聲常。釋所因云。由合喩顯非一
切故。陳那正云。立聲爲常。正因應言非一切故。以
外道說非常之法。有多品類種種差別名爲一切。
故立聲常非一切因。合喩中云。諸非一切故者皆

體是常。猶如虛空。何得乃以一切皆是無常之因。
立常宗也。復云此因非有以聲攝在一切中故。陳
那意言。此古所引一切皆是無常故因。於其所立
常聲非有。以聲攝在一切皆是無常中故。便是因
中兩俱不成。其不許因有法有故。其立聲常非一
切因。陳那復云。或是所立一分義故。唯外道許非
一切因。於宗中有。內道不許聲非一切因。於宗無。
卽是隨一不成因過。故此二徒皆非宗過名因過
失。亦是異喩倒離之過。一切離法。先宗後因。旣立
常宗。非一切因。異喩離言。諸無常者皆是一切。而

今說言一切皆是無常故者先因後宗故成倒離惡立異法之無常義由此宗違非是宗過是因喻過陳那既破天主順從故亦不立若以因過宗中不立既是喻過因應不立且如相違及不共不定應非喻中能立不成今釋不然因有三相體義最寬但陳其因有是相違不共不定未舉其喻過已彰訖今陳其宗猶未有過舉因方過何得推過乃在宗中不同比量相違彼但舉宗已違因訖今此不爾是故但應如陳那說外道因明四不成中但說兩俱及隨一過不說猶預所依不成此不成因

亦不成宗立敵或偏所不成故陳那說言其理雖爾因依於宗或決或疑宗或有無既有差別總合難知故開爲四理門論中古亦有說不定有五除不共因異品無故陳那加之由不共故此如何等諸量之中古說或三現量比量及聖教量亦名正教及至教量或名聲量觀可信聲而比義故或立四量加譬喻量如不識野牛言似家牛方以喻顯故或立五量加義準量謂若法無我準知必無常無常之法必無我故或立六量加無體量入此室中見主不在知所往處如入鹿母堂不見苾蒭知

所往處陳那菩薩廢後四種隨其所應攝入現比故理門云彼聲喻等攝在此中由斯論主但立二量此上略明古今同異別義所以至下當知辨八義同異者有是能立而非能破如眞能立建立自宗有釋無此能立自宗卽能破敵必對彼故有是能破而非能立如顯過破有釋無此但破他宗自便立故有是能立亦是能破如眞立破他所不成有釋無此立謂能申自破謂就他宗有非能立亦非能破謂似立破有是能立而非似立謂眞能立有是似立而非能立除決定相違所餘似立有是能立亦是似立謂決定相違有釋無此此唯似立非能立故立者雖具言他智不決故有非能立亦非似立謂妄破他所成立義有是能立而非似破如無過量有是似破而非能立如十四過類等有是能立亦是似破如決定相違有釋無此此但似破非眞立故有非能立亦非似破謂顯過破有釋無此顯他過非自便立故能破定非似立亦非似破眞似異故有是似立而非似破謂有過量建立自宗有釋無此自宗義成卽是眞破自旣不立卽似破他有是似破而非似立謂妄顯他非十四過

類有釋無此妄謂破他即妄立故有似能立亦是似破如以過量破他不成有非似立亦非似破謂眞能立或眞能破似現似比總入非量由此可言現量非比及非非量比量亦是非非量攝有是現量非比非量謂證自相眞現量智有比非量非眞現量即證共相比量智及諸非量此依見分若依心體見分通比非自證必現故是故八義體唯有七雖就他宗眞能立體即眞能破有顯過破非眞能立雖似能立即似能破妄出過破非似能立故能立外別顯能破似立之外別顯似破眞現眞比似現似比智了因攝二智了故由斯八義體唯七種眞似相明故義成八釋體相同異者即解論文辨八體相之同異也

如是總攝諸論要義

自下第二隨標別釋於中有三初總綰羣機次依標隨釋後且止斯事方隅略示顯息繁文此即初也如是者指頌所說總攝者以略貫多諸論者今古所製一切因明要義者立破正邪紀綱道理此義總顯瑜伽對法顯揚等說因明有七頌曰論體論處所論據論莊嚴論負論出離論多所作法一

者論體。謂言生因立論之體。二者論處所。謂於王家證義者等論議處所。三者論據。謂論所依。即眞能立及似。眞似現比量等其自性差別義爲言詮。亦所依攝。四者論莊嚴。謂眞能破。五者論負。謂似立似破。六者論出離。將興論時立敵安處身心之法。七者論多所作法。由具上六能多所作。今此括要總爲一頌。雖說八門。即彼四種第一第三第四第五。但敘紀綱。不彰餘理。名攝要義。又世親所造論軌論式等法。雖全備文繁義雜。陳那詳考。更爲因明理門等論。雖教理綸煥。而旨幽詞邃。令初習者莫究其微。天主此論。纂二先之妙。鳩羣籍之玄。奧義咸殫。深機並控。匪唯提綜周備。實亦易葉成功。既彰四句之能。兼明八義之益。故言總攝諸論要義。

此中宗等多言名爲能立。

自下第二依標隨釋。於中分六。一明能立。二明似立。三明二眞量。四明二似量。五明能破。六明似能破。問何故長行。牒前頌文。不依次釋。又與前頌開合不同。答。略有三釋。一云。前頌標宗。二悟類別。立破眞似。相對次明。所以八義次第如是。長行廣釋

逐便卽牒性相求之何須次牒頌以眞似各别開
成八義長行以體類有同合成六段亦不相違二
云頌中以因明之旨本欲立正破邪故先能立次
陳能破理門論云爲欲簡持能立能破義中眞實
作斯論故所申無過立破義成所述過生何成立
破故立破後次陳二似雖知眞似二悟不同開示
證人俱悟他攝刊定法體要須二量現量則得境
親明比量亦度義無謬故先現量比量後陳刊定
之則雖成謬妄還難楷準故當對二眞次明二似
故頌八義次第如是長行同於理門所說以因明

法先立後破免脫他論摧伏他論爲勝利故立義
之法一者眞立正成義故二者立具立所依故眞
因喻等名爲眞立現比二量名爲立具故先諸師
正稱能立陳那以後非眞能立但爲立具能立所
須故能破前先明二量親疏能立皆有眞似以自
相明故眞立後卽明似立二眞量後明二似量此
之六門由是能立及眷屬故理門說上六名眞似
立故立義成已次方破他故後方明能破似破三
云眞立似立眞量似量各有别體眞立體卽無過
多言似立體卽有過多言眞量明決之智似量闇

疑之智各有別故。若眞能立具皆能立故。
先首明之。能破似破雖體卽言境無有異。能破之
境體卽似立。似破之境卽眞能立。須識立境方可
申破。立已方破故後明之。開合別明體類同故。長
行與頌由此不同。初解能立中大文有三。初舉體
釋義。次示相廣陳。後總結成前簡擇同異。初中復
二。初舉體後釋義。此舉體也。總舉多法方成能立。
梵能立義多言中說故。理門論陳那指彼天親論
云。故此多言於論式等說名能立。言此中者。理門
二解。一起論端義。二簡持義。凡發論端汎詞標舉。

故稱此中起論端義。簡持有二義。一云。簡去邪宗
增減。持取正宗中道。邪增者。以似立爲眞立。以似
破爲眞破。邪減者。以眞立爲似立。以眞破爲似破。
中道者。二眞爲眞。二似爲似。二云。此論所明總有
八義。且明能立。未論餘七。簡去餘七。持取此一。故
稱此中是簡持義。淸辯菩薩般若燈論釋有四義。
謂發端標舉簡持指斥。宗是何義。所尊所崇所主
所立之義。等者。等取因之與喩。世親以前宗爲能
立。陳那但以因之三相因同異喩而爲能立。以能
立者必多言故。今言宗等名能立者。略有二釋。一

云宗是所立因等能立若不舉宗以顯能立不知因喻誰之能立恐謂同古自性差別二之能立今標其宗顯是所立能立因喻是此所立宗之能立雖舉其宗意取所等一因二喻爲能立體若不爾者即有所立濫於古釋能立亦濫彼能立過爲簡彼失故舉宗等二云陳那等意先古皆以宗爲能立自性差別二爲所立陳那遂以二爲宗依非所乖諍說非所立所立即宗有許不許所諍義故理門論云以所成立性說是名爲宗此論亦言隨自樂爲所成立性是名爲宗因及二喻成此宗故而

爲能立今論若言因喻多言名爲能立不但義旨見乖古師文亦相違遂成乖競陳那天主二意皆同既稟先賢而爲後論文不乖古舉宗爲能等義別先師取所等因喻爲能立性故能立中舉其宗等問宗若所立頌中八義攝法不盡答隨八所成即是宗故又宗所立隨能立中便次明之彼所成故攝法亦盡又觀察義中諸所有事名因明故不舉其宗於何觀察故今舉宗顯所有事爲能立體問能立因喻有言義智論何不說多智多義名爲能立而說多言名爲能立答立論之法本生他解

他解照達所立宗義。本由立者能立之言。其言生
因。正是能立。智義順此。亦得因名。由言生因。生敵
證智。敵證智解。爲正了因。理門論難云。若爾。既取
智爲了因。是言便失能成立性。此難言因。應非能
立。彼自釋云。此亦不然。令彼憶念本極成故。此釋
意云。由言因故。令敵證智了本極成因。解所立宗
義。故立論者言。正爲能立。敵證智了。亦爲能立性。
若不爾者。相違決定。言支具足。應名能立。既由他
智。不生決解。名爲似立。故知通取言生智了爲能
立體。今此據本。故但標言名爲能立。瑜伽亦云。六

種言論。是論體性。不說智生義生義了名爲能立。
言了即言生故。體亦可爾。問。何故能立要在多言。
一二之言。定非能立。答。理門論云。於論式等說此
多言名能立故。世親所造論軌論式。彼說多言名
爲能立。今不違古。故說多言。彼論復言。又比量中。
唯見此理。若所比處此相定遍。於餘同類念此定
有。於彼無處念此徧無。是故由此生決定解。因之
三相。既宗法性同有異無顯義圓具。必籍多言。故
說多言名爲能立。又一二之言。宗由未立。多言義
具所立方成。若但說因。無同喻比義不明顯。何得

見邊。若但同無異。雖比附宗。能立之因。或返成異法。無異止濫。何能建宗。設有兩喻闕偏宗因。宗法既自不成。宗義何由得立。果宗不立。因比徒施。空致紛紜。競何由消。故詳今古。能立具足。要籍多言。

由宗因喻多言。開示諸有問者。未了義故。

釋能立義。宗義舊定。因喻先成。何故今說為能立也。理門亦云。由宗因喻多言。辨說他未了義。諸有問者。謂敵證等。未了義者。立論者宗。其敵論者。一由無知。二為疑惑。三各宗學。未了立者立何義旨。而有所問。故以宗等如是多言成立宗義。除彼無

知猶預僻執。令了立者所立義宗。其論義法。瑜伽等說。有六處所。一於王家。二於執理家。三於大眾中。四於賢哲者前。五於善解法義沙門婆羅門前。六於樂法義者前。於此六中。必須證者善自他宗。心無偏黨。出言有則。能定是非。證者即問立何論宗。今以宗等如是多言申其宗旨。令證義者了所立義。故者所以。第五轉聲。由者因由。第三轉攝。因由敵證問所立宗。說宗因喻開示於彼。所以多言名為能立。開示有三。一敵者未聞。今能立等。詡為之開。證者先解。今能立等重為之示。二雙為言開

示其正理。三爲廢忘宗而問爲開。爲欲憶宗而問爲示。諸有問者未了義故。略有二釋。一諸問者通證及敵。敵者發問。理不須疑。證者久識自他宗義。寧容發問未了義耶。一年邁久忘。二賓主紛紜。三理有百途。問依何轍。四初聞未審。須更審知。五爲破疑心。敘師明意。故審問宗之未了義。二應分別。爲其證者論解。但應言多言開示問者義故。證者久閑。而無未了。爲其敵論者論。應說言多言開示諸有問者未了義故。敵者於宗有未了故。今合爲文。非彼證者亦名未了。由開示二。故說多言名爲

能立。問。能立有多。何故一言說爲能立。答。理門解云。爲顯總成一能立性。由此應知隨有所闕名能立過。闕支便非能立性故。

因明入正理論疏卷一

因明入正理論疏卷二

唐京兆大慈恩寺沙門窺基撰

此中宗者。

自下第二宗相廣陳於中有三。一示宗相。二示因相。三示喻相。瑜伽論云。問。若一切法自相成就。各自安立己法性中。復何因緣建立二種所成立義耶。答。爲欲令他生信解故。非爲生成諸法性相。問。爲欲成就所成立義。何故先立宗耶。答。爲先顯示自所愛樂宗義故。問。何故次辯因耶。答。爲欲開顯依現見事決定道理令他攝受所立宗義故。問。何故次引喻耶。答。爲欲顯示能成道理之所依止現見事故。問。何故復說同類異類現量比量正教量等耶。答。爲欲開示因喻二種相違不相違智故。相違謂異類。不相違謂同類。則於因喻皆有現比量等相違不相違隨其所應眞似所攝。彼又重言。又相違者由二因緣。一不決定故。二同所成故。初是六不定因於同異二喻或成或違故。後是四不成及四相違因於宗過名爲不成。於二喻中。一向相返名曰相違。本立共因擬成宗果。因旣帶似。理須更成。若更成之。與宗無別。名同所成。似宗二喻亦在此攝不相違者亦二因緣。一決定故。二異所成故。初是眞因眞喻定成宗故。後卽是此眞因眞喻無諸過失。體能成故。異於所成。其相違者。於爲成就所立宗義。不能爲量。故不名量。謂似因喻及似現比量名相違。不成宗故。不名眞量。不相違者。於爲成就所立宗義。能爲正量。故名爲量。謂眞因喻及眞現比。正成宗故。正名爲量。今此雖不同彼次第。宗之所依。及宗因喻現比量等。次第生起。亦準彼釋。初中復三。初牒章。次示相。後指法。此卽初也。

謂極成有法。極成能別。

下示相有四。一顯依。二出體。三簡濫。四結成。此顯依也。極者至也。成者就也。至極成就。故名極成。有法能別。但是宗依。而非是宗。此依必須兩宗至極共許成就。爲依義立宗體方成。所依若無。能依何立。由此宗依。必須共許。共許名爲至極成就。至理有故。法本眞故。若許有法能別二種非兩共許。便有二過。一成異義過。謂能立本欲立此二上不相離性和合之宗。不欲成立宗二所依。所依若非先兩共許。便更須立。此不成依。乃則能立成於異義。非成本宗。故宗所依。必須共許。依之宗性。方非極成。極成便是立無果故。更有餘過。若許能別非兩極成。闕宗支故。非爲圓成。因中必有是因同品非定有性過。必闕同喻。同喻皆有所立不成。異喻一分或徧轉過。若許有法非兩極成。闕宗支故。亦非圓成。能別無依。是誰之法。因中亦有所依隨一兩俱不成。由此宗依。必依共許。能依宗性。方非極成。能立成之本所諍故。一切法中略有二種。一體。二義。且如五蘊色等是體。此上有漏無漏等義名之爲義。體之與義各有三名。體三名者。一名自性。瑜伽等中古師所説自性是也。二名有法。卽此所説

有法者是。三名所別。如下宗過中名所別不成是。義三名者。一名差別。瑜伽論等古師所説差別是也。二名爲法。下相違中云法自相相違因等是。三名能別。卽如此中名能別是。佛地論云。彼因明論諸法自相唯局自體。不通他上名爲自性。如縷貫華貫通他上諸法差別義名爲差別。此之二種不定屬一門。不同大乘以一切法不可言説一切爲自性可説爲共相。如可説中五蘊等爲自。無常等爲共。色蘊之中色處爲自。色蘊爲共。色處之中青等爲自。色處爲共。青等之中衣華爲自。青等爲共。

衣華之中極微微爲自衣華爲共。如是乃至離言爲自。極微爲共。離言之中聖智內冥得本眞故名之爲自。說爲離言名之爲共。共相假有假智變故。自相可眞現量親依聖智證故。除此以外。說爲自性。皆假自性非眞自性非離假智及於言詮故。今此因明但局自體名爲自性。通他之上名爲差別。準相違中自性差別復各別有自相差別。謂言所帶。名爲自相。不通他故。言中不帶意所許義。名爲差別。以通他故。今憑因明總有三重。一者局通局體名自性狹故。通他名差別寬故。二者先後先陳名自性前未有法可分別故。後說名差別。以前有法可分別故。三者言許。言中所帶名自性。意中所許名差別。言中所申之別義故。釋彼名者自性差別二名如前。第二自性亦名有法差別亦名法者。法有二義。一能持自體。二軌生他解。故諸論云。法謂軌持。前持自體。一切皆通。後軌生解要有屈曲。初之所陳前未有說。逕廷持體未有屈曲生他異解。後之所陳前已有說可以後說分別前陳方有屈曲生他異解。其異解生。唯待後說。故初所陳唯具一義能持自體。義不殊勝不得法名。後之所陳具足兩義能持復軌義殊勝故獨得法名前之所陳能有後法復名有法第三自性亦名所別差別亦名爲能別者立敵所許不諍先陳諍先陳上有後所說以後所說別彼先陳不以先陳別於後故先自性名爲所別後陳差別名爲能別若爾此三名皆有失其失者何難初名云若體名自性義名差別者何故下云如數論師立我是思我爲自性思爲差別彼文便以義爲自性體爲差別我無我等分別思故難次名云若具二義得有法名若具二義但名法者如卽此師立我是思何故思唯一義

乃名爲法我具二義得有法名難後名云若以後陳別彼前說前爲所別後爲能別如世說言青色蓮華但言青色不言蓮華不知何青爲衣爲樹爲瓶等青唯言蓮華不言青色不知何華爲赤爲白爲紅等華今言青者簡赤等華言蓮華者簡衣等青先陳後說更互有簡互爲所別互爲能別此亦應爾後陳別前前陳別後應互名爲能別所別釋初難言此因明宗不同諸論此中但以局守自體名爲自性不通他故義貫於他如縷貫華卽名差別先所陳者局在自體後所說者義貫於他貫於

他者義對眾多局自體者義對便少以後法解前不以前解後故前陳名自性後陳者名差別釋次難言先陳有法立敵無違此上別義兩家乖競乖競之義彼此相違可生軌解名之爲法非所諍競彼此無軌逕廷自體無別軌解但名有法談其實理先陳後說皆具二義依其增勝論與別名故前陳者名有法後陳者名法故理門論云觀所成故立法有法非德有德法與有法一切不定但先陳皆有法後說皆名法觀所立故非如勝論德及有德一切決定釋第三難言前後所陳互相簡別皆

應得名能別所別如成宗言差別性故然前陳者非所乖諍後說於上彼此相違今陳兩諍但體上義故以前陳名爲所別後名能別亦約增勝以得其名又但先陳皆名自性有法所別但是後說皆名差別法及能別但諍後於前非諍前於後故舉後方諍非舉前諍故能立立於後不立於前故起智了不由前故由此得名前後各定問前陳後說既各三名何故極成初言有法後言能別不以自性差別名顯又復不以法及有法能別所別相對爲名而各舉一有法能別答初有三釋一云設致

餘名必有此難隨舉一種何假爲徵二云有法能有他勝故先陳舉明必有後法以釋於前陳能別別於他勝此宗後陳必與彼宗後陳義異以後所說能別前陳故後舉能別三云自性差別諸法之上其假通名有法能別宗中別稱偏舉別名隱餘通號亦不相違答後難言前舉有法影顯後法後舉能別影前所別二燈二炬二影二光互舉一名相影發故欲令文約而義繁故宗之別名皆具顯故攝名已周理實無咎問既言極成何所簡別有幾非成言成簡別答能別定成且所別中有自不

成有他不成有俱不成有俱非不成前三是過第四句非又有自一分不成有他一分不成有俱一分不成有俱非一分不成前三並非第四有是所別定成能別不成爲句亦爾如是偏句總別合有四種四句其俱不成全有五種四句有自能別不成他所別有他能別不成自所別有俱能別不成自所別有俱能別不成他所別有自能別不成俱所別有他能別不成俱所別有俱能別不成俱所別有俱能別不成俱非所別如能別不成爲首有二全四句所別不成亦如是二四句中其前七句

皆是此過。其第八句。是前偏過。雖總有四。體唯有二。後卽是前更無異故所以但名二四句。有自兩俱不成非他。有他兩俱不成非自。有俱兩俱不成。有俱非自他兩俱不成。前三句非第四句是。如是合有五種全句。一一離之爲一分句。復有五句總成十句。復將一分句。對餘全句。復將全句。對餘一分句。如理應思。恐繁且止。其初有法不成偏句如下所別不成中解。能別不成偏句。如下能別不成中解。兩俱不成諸句。如下兩俱不成中解。其兩俱全分一分不極成卽宗兩俱不成。其自他全分一

分不極成。卽宗隨一不成。義準亦有宗猶豫不成兩俱隨一全分一分等過。至似宗中當廣分別。二種自性及二差別不極成。此皆總攝。爲簡彼非故二宗依皆言極成。問。何故宗過有其九種。今極成簡但簡於三。答。此中但以宗不極成。所依須極成故但簡三非欲具簡一切宗過。理門成宗但簡五過。由言非彼相違義能遣。此論以彼簡五。故但說三。隨自卽簡相符極成。簡非周備。理門略五。如前己說。亦如喩言顯因同品決定有性。不簡合結。故此但三。問。旣兩共許。何故不名共成而言極成。答。

自性差別。乃是諸法至極成理。由彼不悟。能立立之。若言共成。非顯眞極。又因明法有自比量及他比量。能立能破。若言共成。應無有此。又顯宗依先須至於理極究竟。能依宗性。方是所諍。故言極成而不言共。問。宗依須兩許。言成簡不成。因喩必共成。言極簡不極。何因因喩不標極成。獨於宗依致極成簡。答。有四義。一宗依極成。宗不極。爲簡不極言極成。因喩依體並須成。無所簡故不說極。二因喩能立皆須極。無不極故不須簡。宗是所立非共成。爲有所簡須言極。因喩之中自比言許他比言

執而簡別之。故無不極。三因喩成中無不成。無濫簡故不言極。成宗之中有不成。有濫簡故獨言極。四因不成等攝非極。從寬爲名不名極。宗不成中無別攝故。說極成簡不極。因中兩俱隨一等過。喩中所立能立不成。此等過中已攝不極。兩俱等寬從餘爲稱。有體無體皆此過。故宗過不爾。言極簡之。兩許有體便非是過。故於宗內獨言極成。然理門云。此中宗法唯取立論及敵論者決定同許。於同品中有非有等亦復如是。故知因喩必須極成。但此論略。唯識亦言極成六識隨一攝故。如極成

餘。故知此略。
差別性故。
出宗體。差別者。謂以一切有法及法互相差別。性者體也。此取二中互相差別不相離性。以爲宗體。如言色蘊無我。色蘊者有法也。無我者法也。此之二種若體若義。互相差別。謂以色蘊簡別無我。色蘊無我。非受無我。及以無我簡別色蘊。無我色蘊。非我色蘊。以此二種互相差別合之一處。不相離性方是其宗。卽簡先古諸因明師但說有法爲宗。以法成有法故。或但說法爲宗。有法上法是所諍

故。或以有法及法爲宗。彼別非宗。合此二種宗所成故。此皆先共許。何得成宗。旣立已成而無果故。但應取互相差別不相離性。有許不許。以爲宗體。問。先陳能別。唯在法中。何故今言互相差別。答。立敵相形。法爲能別。體義相待。互通能所。對望有異亦不相違。問。互相差別卽爲宗性。何假此中須說故字。答。故者所以。此有二義。一簡古說但以能別。或但所別。或雙以二而爲其宗。陳那簡之。皆非宗諍。取此二上互相差別不相離性所諍之義。方成宗故。其能別等。彼先共許。非兩所諍。皆非是宗。爲

簡古師遂說故字。二釋所依。釋前有法及以能別極成之言。但以有法及法互相差別不相離性一許一不許而爲宗故。宗之所依有法能別皆須極成。由此宗中說其故字。不爾所依須更成立哉。或有於此不悟所由遂改論云差別爲性。非直違因明之軌轍。亦乃闇唐梵之方言。輒改論文。深爲可責。彌天釋道安法師。尚商略於翻譯爲五失三不易云。結集之羅漢兢兢若此。末代之凡夫平平若是。改千代之上微言。同百王之下末俗。豈不痛哉。況非翻經之侶。但是膚受之輩。誑後徒之幼識。誘初學之童蒙。委率胷襟。迴換聖教。當來慧眼。定永不生。現在智心。由斯自滅。諸有學者。應閑此義。依舊正云差別性故。問何故但宗說差別性。因喻中無。答。宗有一成一不成。故但說宗差別性。因喻唯成。無不成無簡。不說差別性。如因三相。雖有差別。不欲取此上不相離性一許一不許成其能立。卽所依便非。由斯不說差別性故。理門唯云。宗等多言說能立。是中唯隨自意樂爲所成立說名宗。非彼相違義能遣。不說所別能別極成及差別性。此論獨言。

隨自樂爲所成立性。
此簡濫失隨自者簡別於宗樂爲所成立性者簡
別因喻故理門論云隨自意顯不顧論宗隨自意
立樂爲所立謂不樂爲能成立性若異此者說所
成立似因似喻應亦名宗凡宗有四一徧所許宗
如眼見色彼此兩宗皆共許故二先業稟宗如佛
弟子習諸法空鵂鶹弟子立有實我三傍憑義宗
如立聲無常傍憑顯無我四不顧論宗隨立者情
所樂便立如佛弟子立佛法義或若善外宗樂之
便立不須定顧此中前三不可建立初徧許宗若

許立者便立己成先來共許何須建立次稟業者
若二外道共稟僧佉對諍本宗亦空無果立己成
故次義憑宗非言所諍此復何用本諍由言望他
解起傍顯別義非爲本成故亦不可立爲正論然
於因明未見其過既於因過說法差別相違之因
卽傍準宗可成宗義然非正立今簡前三皆不可
立唯有第四不顧論宗可以爲宗是隨立者自意
所樂前三皆是自不樂故樂爲所成立性簡能成
立者能成立法者謂卽因喻因喻成立自義亦應
名宗但名能立非所成立舊已成故不得名宗今

顯樂爲新所成立方是其宗雖樂因喻非新成立。
立便相符故不名宗。旣爾。似宗似因似喻應得名
宗。先所未成應更成故。當時所競方是眞宗。因喻
時申故須簡別。似宗因喻雖更可成。非是所樂屬
第二時所可成故非今所諍。疏故非宗。此上一解。
依理門論唯簡於眞。不簡於似。又解樂者貫通上
下。隨自樂言簡前三宗。非隨自樂。唯第四宗是意
所樂。樂爲之言簡似宗等。雖於後時更可成立。非
是此時所樂爲故。所成立性簡眞因喻不可名宗。
雖成已義是能成立。先已成成故非今所成。今所成

立體義名宗。若依後解。雖異理門。簡眞與似。略圓
備故。問。何故因喻無隨自樂宗獨有之。答。宗兩乖
諍。須隨自簡。因喻共許故無隨自。因喻二種。如其
比量必先共許方成能立。無偏許失及業稟失。要
言所陳方名因喻。不說亦有傍義差別。無義準失。
自他比量言亦有簡。說許執故。隨其不顧故於因
喻不說隨自。問。何故宗中傍有義準名爲差別。因
喻便無。答。能立本成自所立。隨應之義立乃乖
角。共自相違故於宗中傍有義準。卽四相違所違
差別言申決定方成能立。故於因喻不說亦有義

準能立。問。何故宗內獨言樂爲因喻不說。答。似宗
因喻當更成立。可以爲宗。今顯當時所諍爲宗。不
以彼爲故言樂爲簡彼三宗似因似喻設今及後
俱不可說爲因爲喻亦爾。若更立之。只是宗攝。不
說樂爲。設更成立以爲宗訖。義既成已。方爲因喻。
展轉疏成。不同於宗。故於因喻不說樂爲。又於宗
內說樂爲言。簡似周訖。因喻略之。又宗有諍。以更
須成。宗義相濫。故獨言樂爲因喻必須極成。不成
便非因喻。無所濫。故不言樂爲。問。何獨宗標所成
立性。因喻不說能成立也。答。宗言所立。已顯因喻

是能成立。顯法已周。更不須說。又宗前未說。恐濫
須陳。因喻已彰。更何須說。又宗違古。言所成立以
別古今。因喻不違。不說能立。言以簡別也。又前標
云宗等多言名爲能立。先已說訖。後更不須。

是名爲宗。

此結成也。

如有成立聲是無常。

三指法也。如佛弟子對聲論師。立聲無常。聲是有
法。無常爲能別。彼此共許有聲及無常名極成有
法。極成能別。爲宗所依。彼聲論師不許聲上有此

無常。今佛弟子合之一處互相差別不相離性云聲無常聲論不許故得成宗。既成隨自亦是樂爲所成立性故名眞宗。恐義不明指此令解。瑜伽論云。立宗者謂依二種所成立義各別攝受自品所許攝受者是自意樂義品是宗義故顯揚云。各別攝受自宗所許。此中意說依二所立立論各別隨自意樂自宗所許故說名宗。此中三釋。一者以言對理取依義能詮名爲各別自宗所許。二者以別對總取依總之別言及義二名自宗所許。三者以合對離取彼能依不相離性合之以爲自宗所許。

正與此同此文總也。下有十句。分爲三類。初二句是宗體。一攝受論宗。二若自辯識。初依自所師宗。對異師敵而立自宗不爾便爲相符極成。後由自辯識立他宗義隨自意樂不顧論宗。唯此二種是正所宗。若徧所許若二同宗業若傍義準。非別攝受非隨自樂故非眞宗。立已成故非本成故。次三句是立宗因緣。一若輕蔑他。二若從他聞。三若覺眞實而申宗趣是名因緣。立他義輕他故。立自義從他聞覺眞實自悟故。如次配之後五句是立宗意。初二句標。一切立宗不過此故。一爲成立自宗。

二爲破壞於他。後三句釋。一爲制伏於他。釋上成立自宗。二爲摧屈於他。釋上破壞他宗。三爲悲愍於他。成自破他皆悲愍故。

因有三相。

上示宗相。下示因相。此相略以四門分別。一出體。二釋名。三辯差別。四明廢立。初出體者。因有二種。一生。二了。如種生芽能別起用。故名爲生因。故理門云。非如生因由能起用。如燈照物能顯果故名爲了因。生因有三。一言生因。二智生因。三義生因。言生因者。謂立論者立因等言。能生敵論決定解

故名曰生因。故此前云。此中宗等多言名爲能立。由此多言開示諸有問者未了義故。智生因者。謂立論者發言之智。正生他解。實在多言。智能起言。言生因因。故名生因。義生因者。義有二種。一道理名義。二境界名義。道理義者。謂立論者言所詮義。生因詮故。名爲生因。境界義者。爲境能生敵證者智。亦名生因。根本立義。擬生他解。他智解起。本籍言生。故言爲正生。智義兼生攝。故論上下所說多言開悟他時。名能立等。智了因者。謂證敵者能解能立言了宗之智。照解所說。名爲了因。故理門云。

但由智力了所說義言了因者謂立論主能立之言由此言故敵證二徒了解所立了因因故名爲了因非但由智了能照解亦由言故照顯所宗名爲了因故理門云若爾既取智爲了因是言便失能成立義此亦不然令彼憶念本極成故因喻舊許名本極成由能立言成所立義令彼智憶本成因喻故名了因義了因者謂立論主能立言下所詮之義爲境能生他之智了了因因故名爲了因亦由能立義成自所立宗照顯宗故亦名了因故理門云如前二因於義所立立者之智久已解宗

能立成宗本生他解故他智解正是了因言義兼之亦了因攝分別生了雖成六因正意唯取言生智了由言生故敵證解生由智了故隱義今顯故正取二爲因相體兼餘無失次釋名者因者所由釋所立宗義之所由也或所以義由此所以所立義成又建立義能建立彼所立宗故或順益義由立此因順益宗義令宗義立是故名因故瑜伽云辯因者謂爲成就所立宗義依所引喻同類異類現量比量及正教量建立順益道理言論問喻既建成宗亦能順益何不名因答喻謂譬況正云見

邊令所立義見其邊際究竟圓滿故名見邊雖亦
順益非是正釋宗之所以親初建立得此因名喻
疏後成不得因稱是故此因不名見邊說所因時
義未成故至後當知三辯差别者雖依建立順益
等義總得因名有果不同疏成生了各類有别分
言義智體異便成立敵二智義之與言生了各殊
别開六種由此應言得果分兩約體成四據類有
三望義爲六智了因唯是生因果而非生因智
生因唯是生因因而非了因果言義二生因爲智
生因果爲智了因因言義二了因爲智了因因非

爲智了果得爲智生果不作智生因以言望於義
亦成顯了因以義望於言亦成顯了果以義望於
言亦作能生因以言望於義亦爲所生果由此應
說唯因不是果謂智生因爲果亦成因餘五果又
爲四句有唯生因而非了因謂智生因有是了因
而非生因謂智了因有是生因亦是了因謂言義
有非生因亦非了因謂所立宗四明廢立者一問
何故一因喻分二種答因正建宗總苞稱一喻有
違順别離分兩至下喻中當廣分别二問何故一
因體分生了答智境疏寬照顯名了言果親狹令

起名生果既有差因分生了同能得果但總名因
三問何故二因各分三種答生果照果義用不同
隨類有能故分三種立智隔於言義不得相從名
了敵智不生立解無由可得名生故但分三不增
不減四問何故六因體唯有四答順果義別分成
六因立者義言望果二用除此無體故唯有四五
問何故因中獨開三相宗喻不開答別名宗喻通
即稱因徧是宗喻二之法故又因必寬宗喻性狹
如貫華縷貫二門故由此開因不開宗喻示因相
中有五一標舉二徵數三列名四別釋五示法此

即初也其言生因及敵證智所詮之義各有三相
相者向也正取言生正能生故此生智了照解宗
故故正因體言生智了兼亦義生能建宗故宗同
異喻各有一體因相貫三更無別體由此故說相
者向義故理門云不共不定一向離故闕一相也
又此相者面也邊也三面三邊若爾既一因如何
說多言名爲能立其相義多能詮言一於三相中
致一因言故一因所依貫三別處故多相之言名
爲多言非言多故名爲多言古師解云相者體也
初相同此餘二各以有法爲性陳那不許同異有

法非能立故。但取彼義故相非非體。

因明入正理論疏卷二

因明入正理論疏卷三

唐京兆大慈恩寺沙門窺基撰

何等爲三。

二徵數也。

謂徧是宗法性。同品定有性。異品徧無性。

三列名也。徧是宗法性。此列初相。顯因之體。以成宗故。必須徧是宗之法性。據所立宗。要是極成法及有法不相離性。此中宗言。唯詮有法。有法之上所有別義。名之爲法。此法有二。一者不共有。宗中法是。二者共有。卽因體是。理門論云。此中宗法。唯取立論及敵論者決定同許。何以故。今此唯依證了因故。彼自難云。旣爾便失前說言爲能成立性。論主解云。由有言生。令彼憶念本極成故。意以因體共許法成宗之中不共許法。故此二法。皆是有法之上別義。故今唯以有法名宗。對敵所申因喩二成立雖取二依不相離性以爲宗體。有法旣爲二法總主。總宗一分。故亦名宗。理門論云。豈不總以樂所成立合說爲宗。云何此中乃言宗者唯取有法。此無有失。以其總聲於別亦轉。如言燒衣。或有宗聲唯詮於法。若以宗中後陳名法。則宗是法。持業爲名。總宗之法。亦依主釋。具二得名。今因名法。
宗之法性。唯依主釋。性者體也。此唯義性。非是體
性義相應故。餘二亦然。此共許因唯得偏是有法
宗性。以宗之法成。卽宗法故。不偏是法宗之性。因
犯兩俱不成過故。又不欲成宗有法故。然因明理。
有法不成於有法。此亦不成於法。因犯所依不成
過。故理門難云。若以有法立餘有法。或立其法。如
以烟立火。或以火立觸。其義云何。此義難云。如遠
見烟立有下有火。以有烟故。豈非彼以有法成有
法。烟之與火俱有法故。又如見火云定有熱。以有

火故。熱觸既是火家之法。豈不以有法成於法耶。
陳那釋云。今於此中非以成立火觸爲宗。但爲成
立此相應物。謂成山處決定有火。以有烟故。爐中
定熱。以有火故。名爲烟火相應之物。非以有法烟
還成有法火。亦不以有法火而成熱觸法。彼論又
云。若不爾者。依烟立火。依火立觸。應成宗義一分
爲因。還以宗中一分有法而爲因故。便爲不可。故
因乃有所依不成。無所依故。亦不以法成立有法。
宗中所陳。後能別前。名爲能別。亦名爲法。因成於
此。不欲以因成前所陳。是所別故。非別後故。理門

又云又於此中觀所成故立法有法非德有德故無有過前陳名有法後陳皆名法非法有法法性決定如勝論師德與有德有德謂實彼決定故理門頌云有法非成於有法及法此非成有法但由法故成其法如是成立於有法謂有法因法二俱極成宗中之法敵先不許但得共許因在宗中有法之上成不共許宗中之法如是資益有法義成何得因在不共許中許在彼中何所成立又若共許之因依不共許法凡所立因皆有他隨一所依不成過不說有法而爲所依但以其法而爲所依

法非共許縱唯立許豈定無此過又如立宗聲是無常所作性故無常滅義所作生義聲有滅者以有生故一切生者皆有滅故聲既因生明有果滅若因所作不徧聲宗豈得徧在無常上有一切正因中皆應有兩俱不成無常之上本無生故由此故知因但是宗有法之法非法法也問稱爲宗法卽已是因何須言徧初既言徧因義已明何須復云是宗法性答若因不徧宗有法上此所不徧便非因成有所不立顯皆因立是故稱徧若但言徧不言宗法卽不能顯因是有法宗之法性能成於

法。又因於宗過名爲不成。於二喻中俱有俱無名爲不定。於二喻中有無相違名曰相違。若唯言法性不言偏者。因於宗過卽是不成。或兩俱不偏。或隨一不偏。或猶預不偏。或所依不偏。全分一分等隨應有之。爲簡此失。是故言偏。若但言偏不言宗法。不知此因誰家之因。爲顯是宗有法之因成於宗法。故言法性。由此應爲諸句分別。有宗法而非偏。有是偏亦宗法。有非偏非宗法。必無是偏非宗法句。但偏有法。若有別體若無別體並能成宗義相關故。必是宗法。如薩婆多對大乘者立命根實。

以有業故。如五根等。豈以命根與業別體卽非正因。故有別體若無別體義相關帶必是宗法。皆得說爲宗之法性。非無體是。非有體非。初有宗法而非偏者。四不成中皆一分攝。初兩俱一分兩俱不成者。如勝論師對聲生者立一切聲皆是無常宗。勤勇無間所發性因。立敵二宗。唯許內聲有勤勇發。外聲非有。立敵俱說此因於宗半有半無。故此過是兩俱有體一分不成。餘無體兩俱一分一種不成。若有體若無體若自若他。合四種一分隨一不成。兩俱一分。若自若他。合三種一分猶預不成。

兩俱有體一分若他若自有體一分隨一合三所依不成。如是更有十一。幷前十二一分不成。皆如下釋。後句非偏非宗法者。四不成中幷全分過。如聲論師對佛弟子。立聲爲常。眼所見故。俱說此因於聲無故。此是有體兩俱全分兩俱不成。餘無體兩俱全分一種不成。有體無體若自若他四種全分隨一不成。兩俱全分。若自若他。三種猶豫不成。有體無體兩俱全分。有體無體若自若他隨一全分六種所依不成。如是更有十四。幷前十五全分不成。亦如下釋。此二偏句並皆是過。唯第二句偏

亦宗法是正因相。爲簡非句。故說偏是宗法性。言同品定有性者。顯第二相。同是相似義。品是體類義。相似體類名爲同品。故理門云。此中若品與所立法隣近均等說名同品。以一切義皆名品故。彼言意說雖一切義皆名爲品。今取其因正所成法。若言所顯法之自相。若非言顯意之所許。但是兩宗所諍義法。皆名所立。隨應有此所立法處說名同品。以隨有無體名同品。由此品者是體類故。若唯言所陳所諍法之自相名爲所立。有此法處名同品者。便無有四相違之因。比量相違決定相違。

皆應無四。若全同有法上所有一切義者。便無同品。亦無異品。宗有一分相符極成。非一切義皆相違故。故但取所立有此名同。然下論云。如立無常。瓶等無常名同品者。唯舉所陳兩宗本諍法之自相名爲同品。以餘意所許是傍所諍。略而不說。理皆同品。以此釋文。應當深義。同品有二。一宗同品。故下論云。謂所立法均等義品是名同品。二因同品。下文亦言。若於是處顯因同品決定有性。然論多說宗之同品名爲同品。宗相似故。因之同品名爲同法。宗之法故。何須二同。因之在處說宗同品。

欲顯其因徧宗喩。故宗法隨因。說因同法顯有因處。宗法必隨故。且宗同品何者名同。若同有法全不相似。聲爲有法。瓶爲喩故。若法爲同。敵不許法於有法有。亦非因相徧宗法中。何得取法而以爲同。此中義意不別取二。總取一切有宗法處名宗同品。故論說言。如立無常。瓶等無常是名同品。有此宗處決定有因。名因同品。然實同品正取因同。因貫宗喩。體性寬徧。有此其許因法之處。不其許法定必隨故。今明一切有宗法處其因定有。故說宗同。不欲以宗成因義故。非正同品。其因於彼宗同品處決定有性故言同品定有性也。因既決定有顯宗法必隨。理門亦云。說因宗所隨宗無因不有等。依上二相。理門論云。云何別法於別處轉。此中問意。如所作因必隨有附聲與瓶等上所作性別。如何聲宗之上別因於瓶等中別處而轉。或所作因。是聲有法宗上別法。云何於彼別瓶處轉而言共相貫在宗喻。偏是宗法同品定有。陳那釋云。由彼相似不說異名言。卽是此故無有失。此答意言。由聲瓶上共所作性相似而有總相合說。不說聲瓶二異名中。聲所作性卽喻處所作性。言彼卽

此故無有失。彼復難云。若不說異云何此因說名宗法。前難聲宗所作性因云何得於別瓶上轉。此難云何瓶所作性說爲宗法。旣不說彼所作性異總合說者所作性因既於瓶有云何此因說名宗法。彼復釋言。此中但說定是宗法不欲說言唯是宗法。此釋意言總因之中但說定徧宗法性不欲說言唯是宗法故一總言貫通二處宗非宗上悉皆得有其中可有徧是宗法。若別異說唯聲所作唯宗法性。別不容有舉喻成宗。又別異說唯瓶所作。亦不得成是宗法性。何所成立。彼復難言。若爾。

同品應亦名宗。此意難云。二中所作總貫稱因。二
上無常應皆宗諍。彼自釋云。不然。别處說所成故。
因必無異方成比量。故不相似。答難不然。唯别聲
上有無常義是其所成。共所諍故。非於瓶上。夫立
因者必須立敵宗喻之上兩俱無異方成比量。故
能立通。所立義局。理不相似。故答不然。問。何故此
因於宗異品皆說徧字。於同品上獨說定言。答。因
本成宗。不徧成者非立。異喻止濫。不徧止者非遮。
成不徧故不成過生。遮不盡故不定等起。成宗不
徧。如上已陳。止濫不盡至下當悉。同喻本順成宗。

宗成。卽名同喻。豈由喻徧能順所立方成宗義。但
欲以因成宗。因有宗必隨逐。不欲以宗成因有宗
因不定有。故雖宗同品不須因徧有。若因於異品
有同品半有半無。雖並不定由因於異有故成過。
非因於同不徧爲失。卽九句內後三句中初後句
是。後三中句正因所攝。於異品中止濫盡。故初後
二句不定過收。皆止異品濫不盡故。由此同品說
定有性。宗異品中皆說徧也。其九句者。理門論云。
宗法於同品謂有非有俱。於異品各三。有非有及
二。言宗法者謂宗之法。卽因是也。於同品者宗同

品也。體卽同喻。謂能立因於同品喻成其三種。一有。二非有。三亦有亦非有。彼名爲俱。此三種因。於宗異品異法喻上亦各有三。一有。二非有。三亦有亦非有。彼名及二。且同品有異品三者。謂因於同品有異品亦有。於同品有異品非有。於同品有異品有非有。如是因於同品非有異品亦三。於同品有非有異品亦三。故成九句。理門論中示九宗云。常無常勤勇。恆住堅牢性。非勤遷不變。由所量等九。恆住堅牢性及不變。此四皆常義。遷是無常。此四句中。上之三句顯示九宗。下之一句結由九因而成九類。其九因者。理門論云。所量作無常。作性聞勇發。無常勇無觸。依常性等九。言無觸者。無質礙義。上之三句顯示九因。下之一句結由九宗而成九類。以此上三句成前上三句。一一句中皆有三種。次第配之。卽成九也。一同品有異品有。如聲論師立聲爲常。所量性故。喻如虛空。此中常宗。瓶爲異品。所量性因於同異品皆徧共有。二同品有異品非有。如勝論師立聲無常。所作性故。喻如瓶等。無常之宗。空爲異品。所作性因於同品有。於異品無。三同品有異品有非有。如勝論師立聲勤勇無間所發無常性故喻如瓶等勤勇之宗以電空等而爲異喻無常性因於同品亦有於異品喻電等上有空等上無此是初三中三句者一同品非有異品有如聲論師立聲爲常所作性故喻若虛空此中常宗瓶爲異喻所作性因於同品空上無於異品瓶上有二同品非有異品非有如聲論師對佛弟子立聲爲常所聞性故喻若虛空此中常宗瓶爲異喻所聞性因同異品中二俱非有三同品非有異品有非有如聲論師立聲爲常勤勇無間所發性故喻若虛空此中常宗以電瓶等爲異

品勤勇之因於同品空一向非有於其異品瓶等上有電等上無此是中三後三句者一同品有非有異品有如聲論師立聲非勤勇無間所發無常性故喻若電空此非勤宗瓶爲異喻無常性因於同品電上有空上非有異品瓶中一向是有二同品有非有異品非有如勝論師立內聲無常勤勇無間所發性故喻若電瓶此無常宗空爲異喻勤勇之因於同品瓶等上有電等上無異品空中一向非有三同品有非有異品有非有如聲論師對勝論師立聲爲常無質礙故喻若極微及大虛空

此中常宗以瓶樂等而爲異喻無質礙因於其同品虛空上有。極微上無。亦於異品瓶等上無。樂受等有。是名九句。然理門論料簡此云。於同有及二。在異無是因。翻此名相違。所餘皆不定。於同有者。謂能立因於同品有。言及二者。於同品中亦有非有。在異無者。此能立因於同品有在異品無。及同品中亦有非有於異品無。言是因者。此之二句皆是正因。於九句中第二第八兩句所攝。翻此名相違者。翻此二正因即名相違。翻初句云於同非有於異品有。翻第二云。於同非有於異品中亦有非

有。即九句中第四第六兩句所攝。皆相違因是法自相相違因故。攝餘不盡。所餘皆不定者。餘之五句皆爲不定。謂九句中第一第三第五第七第九句。第一句者。共不定攝。第三句者。異品一分轉同品偏轉。第五句者。不共不定。第七句者。同品一分轉異品偏轉。第九句者。俱品一分轉。此等諸句。至下當知。上九宗中五常。初三。初一。中三。皆後三後一。二無常。初後三皆中一。勤。初三後一。二。一非勤後三初一。總爲四類。問。第八句因若正因攝。有比量相違。第八句非正因攝同品俱故。如第七九。答。此

有決定相違量云。第八句因正因所攝。九句因中具三相故。如第二句。不言九句但言具三相。恐有不定過。爲如第二句具三相故此第八句正因所攝。爲如決定相違等具三相故此第八句非正因攝。故言九句中便無此過。或決定相違不具三相。他智不決定故。問。言定有性已顯有因宗必隨逐。何須言同品。旣云同品卽顯有宗。因必隨逐。何須復云定有性也。答。但言定有不言同品乃顯此因成義不定非定成宗。但言同品不言定有亦顯此因成相違法等非本宗義。今顯定我宗。及非成異品。故說同品決定有性。由此應爲四句分別。有同品非定有。謂宗同品非定有因。卽九句中中三句是。第四第六相違過收。第五句者不共不定有定有非同品。謂定有因非宗同品。於九句中。除二五八。餘六句是。第四第六是相違因。餘之四句不定過攝。第一句共。第三句者異品一分轉同品偏轉第七句者同品一分轉異品偏轉。第九句者俱品一分轉。有亦定有亦同品。謂是宗同品亦定有因。於九句中除中三句。初後三是。實若無過唯取第二第八正因。若通有過卽通六句二正因四不定。

有非同品亦非非定有謂非宗同品亦非定有因即異品徧無性於九句中第二五八三句所攝二八正因第五不定此初三句內唯第三句少分正因餘皆有過爲簡過句顯自無過故說同品定有性也異品徧無性者顯第三相異者別義所立無處即名別異品者聚類非體類義許無體故不同同品體類解品隨體有無但與所立別異聚類即名異品古因明云與其同品相違或異說名異品如立善宗不善違害故名相違苦樂明闇冷熱大小常無常等一切皆爾要別有體違害於宗方名異

品或說與前所立有異名爲異品如立無常除無常外自餘一切苦無我等處礙等義皆名異品陳那以後皆不許然如無常宗無常無處即名異品不同先古理門破云非與同品相違或異若相違者應唯簡別謂彼若非無所立處名爲異品要相違法名異品者應唯簡別是則唯立相違之法簡別同品不是返遮宗因二有若許爾者則一切法應有三品如立善宗不善違害唯以簡別名爲異品無記法無簡別故便成第三品非善非不善故此中容品既望善宗非相違害豈非第三由此應

知無所立處卽名異品。不善無記既無所立。皆名異品。便無彼過。又難或異名異品。云若別異者。應無有因。謂若說言與宗有異卽名異品。則應無有決定正因。如立聲無常。聲上無我苦空等義皆名異品。所作性因於異既有。何名定因。謂隨所立一切宗法傍意所許。亦因所成。此傍意許既名異品。因復能成。故一切量皆無正因。故知但是無所立處卽名異品。此亦有二。一宗異品。故下論云。異品者謂於是處無其所立。二因異品。故下論云。異法者若於是處說所立無因徧非有。然論多說宗之

異品名爲異品。宗類異故。因之異品名爲異法。宗法異故。何須二異。因之無處說宗異品。欲見其因隨宗無故。宗之無處說因異品。顯因無處宗必先無。且宗異品。何者名異。若異有法。同法所依有法必別。亦應名異。若異於法。敵本不許所立之法於有法有。一切異法皆應名同。此異品者不別取二。總取一切無宗法處名宗異品。故論說言謂於是處無其所立。又若是常見非所作。如虛空等。此但略無。正諍無常。唯舉見常名爲異品。準理同前。無隨所應所立之法。無此宗處定徧無因。名因異品。

然雖異品亦取因異顯無宗處因定隨無翻顯有因宗定隨轉。雖復離法。先宗後因。彼若不然便成異法。今顯能立本欲成宗於異品無其宗便立。故正宗異。後方因異。其因於彼宗異品處決定徧無。故言異品徧無性也。問。言徧無性已顯無因宗必隨無何須言異品。既言異品卽顯無宗。因亦隨無。何須復云徧無性也。答。但言徧無不言異品。乃顯此因成相違法等非離於宗返成宗義。但言異品不言徧無亦顯此因成不定等。非定成宗。今顯此因定成於宗。同品定有於異品上決定徧無故說

異品徧無性也。由此應爲四句分別。有異品非徧無。謂宗異品非因徧無。卽九句中除二五八餘六句是。一三七九四是不定。四六相違。如前配釋。有徧無非異品。謂因徧無非宗異品。卽九句中第四五六。四六相違。第五不定。有異品亦徧無。謂宗異品亦因徧無。卽九句中第二五八。二八正因。第五不定。有非異品亦非徧無。謂非宗異品亦非因徧無。卽九句中除四五六餘六句是。二八正因。餘四不定。如上所說諸句料簡自句他句皆無過者。正因所攝。當句之中雖無其過。他句有過。故應如前

一一分別。初三句中唯第三句少分正因。餘皆有過。爲簡彼過。故說異品徧無性也。問。此三相中。何故不言徧是宗品性。而云法性。同異二相。何故不言同定有法性。異徧無法性。而皆云品。答。宗一所立。總說爲宗。狹不說品。喻寬能立。皆說品字。以因成宗。非成二品。初相云法。後二不言。問。此之三相。爲具方成。爲闕亦得。若具方成。何故前言闕無異品亦成正因。既不要具。何須三相。答。要具三相。止異濫而成因。非闕喻依。故闕無而許正同法本成宗義無依不順成宗。異法本止濫非濫止便成宗

義。故同必須依體。異法無依亦成。此說有體成有體宗。故異體無亦具三相。上來三句所說過者。各自句中四句之過。若談闕過。闕有二種。一無體闕。二有體闕。無體闕者。謂不陳言。但在三支。非在三相。若陳因言。必有體闕。三相既義。故非無體無體闕者。此中相對互說有無。亦爲四句。有闕因非同異喻。有闕同異喻非因。有闕因亦闕同異喻。有非闕因非闕同異喻。此四句中。初句闕一。第二句闕二。第三句闕三。第四句非過。如是乃至三立皆闕。三皆不闕。有闕皆過。不闕不定。雖有所陳似立生

故。三皆闕者。唯陳其宗。不陳餘故。如是合有三箇四句。一箇兩句。但名闕過。非餘過攝。有體闕者。復有二種。一者以因三相而爲能立。雖說因三相。少相名闕。二者因一喩二三爲能立。雖陳其體義少名闕。且因三相少相闕者。有闕初相。有闕後二。非初相。有闕初相亦後二。有不闕初相亦非後二。如是乃至三相俱闕。此中總有三種四句。一種兩句。唯闕初相。四不成攝。如是二合闕。乃至三合闕。隨應唯有不成不定及相違過。皆因過故。若因一喩二陳爲能立義少闕者。亦有

三種四句。一種二句。且闕因義非後二。四不成過。有闕第二非初後俱不成攝。有闕第三非初二俱不遣攝。如是闕二乃至闕三及三不闕闕者皆過。不闕非過。隨應各有因四不成同喩俱不成異喩俱不遣。或具二過。或具三過。賢愛論師陳那菩薩等不以無體爲闕。故唯六句。雖唯陳宗。元無能立。何名能立缺減之過。諸德皆說總有七句。不言有能立以成過。但是闕能立過。故說七闕。問理門論料簡九句云。於同有及二。在異無是因。返此名相違。所餘皆不定。謂九句中。唯有法自相一違及五

不定。餘四不成。一不定。三相違。何故不攝。答。以因親成於宗。所以說其相順。同異成宗疏遠。故但標其順違。由此餘過不攝之盡。上三相中各自爲句。及三相對闕。論文雖無次第作處。道理定然。巨細分別更有多種。且以初相三句之中一句爲首對餘二相作四句者。有有宗法而非偏非是同品非定有性。有是同品非定有性非是宗法而非偏。有有是宗法而非偏。亦是同品非定有性。有非宗法而非偏。亦非同品非定有性。如是以初相第一句。對第二相四句。有四種四句。復以此句對第三相

四句。復有四種四句。如是初相第一句對餘二相四句有八種四句。以初相餘二句爲首對餘二相各四句亦如是。其初相三句爲首對餘有三種八句。總成二十四種四句。以第二相四句對第三相四句。一一分別各有四種四句。復成一十六種四句。如是總成四十種四句。有是有非。恐文繁廣略示而已。於前諸句總說頌曰。於宗法三相各對互隨無。如應爲不成不定相違等。等言意顯諸缺減過同喻異喻諸所有失皆此所攝。宗法三相因三相也。於此三相而釋義故。因親成宗相寬偏故各

對互隨無者。此有四類。一者各對。三相一一各對自法爲句。初相有三。後二各四。二者互隨無。三相更互闕無綺對爲句。古今合有多釋。今唯取宗法三相入此頌中。有三種四句。有一種兩句。三者各對互隨無。以初相三句中一一句。各對後二相中各四句一一。更互隨有無以爲四句。以第二相四句一一。對第三相四句一一。更互隨有無以爲四句。合有四十種四句。四者各對互隨。以因三相。如其所應初相有過名爲不成。於後二相有過名爲不定。於其二相有相違過名曰相違。若三支互闕。

因闕名不成。同闕名俱不成。異闕名俱不遣。三支雖具自他各對互隨是非名相違決定。是故稱等。如是總攝因過皆盡。此中合有四十五種四句。一種三句。一種兩句。或闕一有三句。闕二有三等。是名略釋宗法三相。

云何名爲同品異品。

四別釋有二。初問後答。此問也。何故三相不問釋初答有二釋。一者同品異品各各有二。一者宗同異。二者因同異。今說宗同異。恐濫因同異。故偏問之。初相無濫。故不須簡問。偏是宗法。宗有別總義亦有濫。何故不徵。答。因於有無說宗同異。宗成順違說因同異。故於宗因同異不定。爲簡此過。遂別徵二。由因但是有法宗法。成於法故。不是總宗及法之法。無濫可遮。故不徵釋。此問二體相成顯故。二者宗是有法。上已明之。二品未明。故須徵釋。

謂所立法均等義品說名同品。

下答前徵有二。初同。後異。同中復二。一總出體。二別指法。此初也。所立法者。所立謂宗。法謂能別。均謂齊均。等謂相似。義謂義理。品謂種類。有無法處。此義總言。謂若一物有與所立總宗中法齊均相

似義理體類。說名同品。是中意說宗之同品。所立宗者因之所立。自性差別不相離性。同品亦爾。有此所立中法。互差別聚不相離性相似種類。卽是同品。若與所立總宗相似。一切種類之聚名同品者。宗上意許所有別法。皆入總宗。且如異品虛空上無我。與聲意許無我相似。應名同品。若與所立有法相似種類之聚名爲同品。卽一切宗多無同品。如聲有法。瓶非同故。至下喩中當廣建立。爲遮此二。總標所立法而簡別之。若聚有於賓主所諍因所立法聚相似種類卽名同品。由法能別之所

別宗因之所成。故舉此法以彰彼聚。問。若爾。聲上無我等義。非因所立。應名異品。答。彼若不許聲有法有亦成異品。宗因無故。若彼許有。爲因所成。隨意所諍。亦名同品。故有有法差別相違。

如立無常。瓶等無常。是名同品。

此別指法。如立宗中陳無常法。聚名宗者。瓶等之上亦有無常。故瓶等聚名爲同品。此中但取因成法聚名爲同品。故瑜伽言同類者。謂隨所有法望所餘法。其相展轉少分相似。有五相似。一相狀。二自體。三業用。四法門。五因果。今此中說法門相似。

異品者。謂於是處無其所立。

下解異品有二。一總出體。二別指法。此初也。處謂處所。卽除宗外餘一切法。體通有無。若立有宗。同品必有體。所以前言均等義品。異品通無體。故言是處。所立謂宗。不相離性。謂若諸法處無因之所立。卽名異品。非別無彼言所陳法及與有法名爲異品。過如前說。此中不言無所立法。前於同品已言均等所立法訖。此準可知。但無所立義已成故。理門亦云。若所立無。說名異品。但無所立卽是異品。同品不說處。異體通無故。瑜伽說言異類者。謂所有法望所餘法。其相展轉少不相似。故非一切全不相似。但無隨應因所成。故與同相違亦有五種。

若有是常見非所作。如虛空等。

此別指法。如立其無常宗。所作性爲因。若有處所是常法聚。見非是所作。如虛空等。說名異品。此中既說宗之異品。唯應說云謂若是常。如虛空等。復云見非所作者。擧因異品。兼釋偏無。問。何故前說宗之同品不兼定有。此釋異品兼釋偏無。答。有二解。一者影顯。同品之中但爲簡別因之同品。顯異亦爾。不要解於定無之相。故文略之。異品之中乘言便故。兼釋偏無。顯同亦爾。二者同品順成。但許有因卽成同品。易故不解決定有性。異品止濫。必顯偏無方成止濫。故解異品兼解偏無。同品因也。爲顯同異二品別故。問。如立無常。龜毛無彼常住之相亦名無常。於一切時性常無故。亦得名常。何故不立非同異品。答。聲言無常。性是滅義。所作性者體是生義。龜毛非滅亦非有生。旣無所立。卽入異品。故喩唯二。更無雙非。若常宗有亦入異品。若非有品便入同中。

此中所作性或勤勇無間所發性。

五示法也。於中有三。初舉兩因。次成三相。後顯所成。此初也。此中者。發端義。或於此所說因義之中。雙舉兩因者。略有三義。一對二師。二釋偏定。三舉二正。對二師者。聲論師中總有二種。一聲從緣生。卽常不滅。二聲本常住。從緣所顯。今方可聞。緣響若息。還不可聞。聲生亦爾。緣息不聞。緣在故聞。此二師皆有一分一切內外異性。一體多體能詮別故。若佛弟子對聲生論。立聲無常。所作性因。便具三相。對聲顯論。言所作性。隨一不成。若對聲顯言

勤勇因。便具三相。對聲生論。立一切聲皆是無常。勤勇爲因。宗法非偏。兩俱不成。今顯對聲生所作爲因。若對聲顯。勤勇爲因。又立內外聲皆無常。因言所作。若立內聲因言勤勇。不爾。因有兩俱一分兩俱不成。爲對計別。故陳二因。釋偏定者。所作性因成無常宗。三相俱偏。勤勇因成同定。餘偏。顯順成宗同定亦得。不要三偏。故舉二因。舉二正者。顯九句中。此中所作彼第二因。此勤勇因彼第八句。陳那說二。俱是正因。具三相故。今顯彼二因皆具三相。故雙陳之。所作性者。因緣所作。彰其生義。勤

勇無間所發性者。勤勇謂策發善卽精進。染謂懈
怠。無記謂欲解。或是作意。或是尋伺。或是思惠。由
此等故。擊齊輪等風。乃至展轉擊咽喉脣舌等。勇
銳無間之所發顯。
偏是宗法。於同品定有。於異品徧無。
顯成三相。如上所說生顯二因皆具三相。故成正
因。義應一一皆準前作若徧若闕。
是無常等因。
顯因所成等者。等取空無我等。此上二因。不但能
成宗無常法。亦能成立空無我等。隨其所應非取

一切。若所作因。亦能成立言所陳苦等及無常宗
意所許苦等一切法者。此因便有不定等過。謂立
量云聲亦是苦。所作性故。以無漏法而爲異品。所
作性因於其異品一分上轉。應爲不定言。此所成
聲。爲如於缾所作性故。體是其苦。爲如自宗道諦
等法。所作性故。體非是苦。此既正因。無不定過。故
此言等隨其所應。故瑜伽說同異喻云。少分相似
及不相似。不說一切皆相似一切皆不相似。不爾。
一切便無異品。因狹若能成立狹法。其因亦能成
立寬法。同品之上雖因不徧。於異品中定徧無故。

因寬若能成立寬法。此必不能定成狹法。於異品有。不定過等隨此生故。是故於此應設劬勞也。

因明入正理論疏卷三

因明入正理論疏卷四

唐京兆大慈恩寺沙門窺基撰

喻有二種

自下第三示喻之相。文段有三。一標舉。二列名。三隨釋。此初也。梵云達利瑟致案。多達利瑟致云見。案多云邊。由此比況。令宗成立究竟名邊。他智解起。照此宗極名之爲見。故無著云。立喻者謂以所見邊與未所見邊和合正說。師子覺言。所見邊者。謂已顯了分。未所見邊者。謂未顯了分。以顯了分顯未顯了分。令義平等。所有正說。是名立喻。今順方言名之爲喻。喻者譬也。況也。曉也。由此譬況曉明所宗。故名爲喻。前雖舉因。亦曉宗義。未舉譬況。令極明了。今由比況宗義明極。故離因立。獨得喻名。

一者同法。二者異法。

二列名也。同者相似。法謂差別。共許自性名爲有法。此上差別所立名法。今與彼所立差別相似名同法。無彼差別名爲異法。異者別也。問。何故宗同異名品。因同異名法。答。若同異總宗不相離性種類名品。若不同異於總宗。亦不同異於宗有法。但同異於有法之上所作義者名名之爲法。又此所作非總所立。不得名品名之爲法。宗總所立。遂與品名。能所異故。又因宗二同異名法。別同異名品。此同異二。故名爲法。次下二因同異及上宗同異並別同異。故皆名品。

同法者。若於是處顯因同品決定有性。

三隨釋有二。一解同。二解異。理門論云。說因宗所隨。宗無因不有。此二名譬喻。餘皆此相似。解初中有三。一牒名。二總顯。三別指同法牒名。餘文總顯。處謂處所。卽是一切除宗以外有無法處。顯者說

也。若有無法。說與前陳因相似品。便決定有宗法。此有無處。卽名同法。因者。卽是有法之上其許之法。若處有此名因同品。所立之法。是有法上不共許法。若處有共因。決定有此不共許法。名定有性。以共許法成不共故。理門論云。說因宗所隨。是名同喻。除宗以外。有無聚中有此共許不共許法。卽是同故。以法同故。能所同故。二合同故。此中正取因之同品。由有此故。宗法必隨。故亦兼取宗之同品。合名同法。問。顯因同品。宗法必隨。何須復言決定有性。言決定有性。因必在宗。何須復說顯因同

品。答。唯言因同品不說定有性。卽九句中諸異品有除二五八餘六句是相違不定二過所攝異喻亦犯能立不遣若言定有性不說因同品亦卽是九句中同品非有四五六是相違不定亦二過攝。同喻亦犯能立不成若非因同品亦非定有性卽九句中異品非有二五八是正因不定二種所攝。同喻亦犯俱不成過若顯因同品亦決定有性卽九句中同品亦有句除四五六餘六句是正因不定二種所攝異品無過正因所攝異品有過不定所攝。異喻或有一分全分能立不遣此同異喻所

犯諸過或自或他或全或一分隨其所應皆應思惟爲遮前三句及第四少分所說過失顯第四句少分爲正必須雙言顯因同品決定有性。

謂若所作見彼無常譬如瓶等。

別指法也如立聲無常宗所作性因瓶爲同喻此中指法以相明故合結總陳若所作者卽前總顯因之同品見彼無常亦則先顯彼決定有性諸有生處決定有滅母牛去處犢子必隨因有之處宗必隨逐此爲合也若有所作其敵證等見彼無常如瓶等者舉其喻依有法結也前宗以聲爲有法。

無常所作爲法。今喻以瓶等爲有法所作無常爲法。正以所作無常爲喻兼舉瓶等喻依合方具矣。等者等取餘甖等。理門論云若爾喻言應非異分顯因義故。古因明師因外有喻。如勝論云聲無常宗所作性因同喻如瓶異喻如空不舉諸所作者皆無常等貫於二處故因非喻瓶爲同喻體空爲異喻體陳那已後說因三相卽攝二喻二喻卽因俱顯宗故所作性等貫二處故古師難意若喻亦是因所攝者喻言應非因外異分顯因義故應唯二支何須二喻陳那釋云事雖實爾然此因言唯

爲顯了是宗法性非爲顯了同品異品有性無性故須別說同異喻言。意答喻體實是因爾不應別說。然立因言正唯爲顯宗家法性是宗之因非正爲顯同有異無順返成於所立宗義故於因外別說二喻。顯因有處宗必隨逐。幷返成故令宗義成。彼復難言若唯因言所詮表義說名爲因斯有何失。此難意說如所作言所詮表義唯名爲因瓶同空異名喻非因斯有何失。復問彼言復有何德。彼古答言別說喻分是名爲德。陳那復難應如世間所說方便與其因義都不相應。此難意云如世間

外道亦說因外別有二喻。汝於因。外說喻亦爾。徧宗法性既是正因。所說二喻非是正因。但爲方便助成因義。此喻方便既與因別。則與因義都不相應。古師復云。若爾何失。縱同外道亦何過耶。如外道說有五根識。佛法亦有。非爲失故。陳那難云。此說但應類所立義。無有功能。非能立義。由彼但說所作性故所類同法。不說能立所成立義。此中難意。我亦不說同於外道說極成義名之爲失。由同彼說不極成義有過失故。謂諸古師同外道說。聲無常宗。所作性因。同喻如瓶。異喻如空。不極成義。陳那難意。若說瓶體空體爲喻。但應以瓶類於所立無常之義。既喻不言諸所作者皆是無常。舉瓶證聲無有功能。其喻便非能立之義。由彼舉因。但說所作法。舉瓶類聲同無常。不說能立諸所作者。及與所立皆是無常。故無功能非能立義。又若以瓶即爲喻體。瓶即四塵可燒可見。聲亦應爾。若我如說所作性者皆是無常。譬如瓶等所作既爲宗正同法。無常隨之。亦決定轉。舉瓶喻依以顯其事。便無一切皆相類失。汝既不然。故有前過。陳那又難。又因喻別。此有所立同法異法。終不能顯因與所立不相離性。是故但有類所立義。然無功能。此意難言。因喻既別。同喻但有所立無常。異喻無此。汝同喻不說諸所作者皆是無常。異喻不雙無。終不能顯所作性因。與所立無常不相離性。總結之云。是故但有類所立義。然無功能非能立義。古師復問。何故無能陳那難云。以同喻中不必宗法宗義相類。此復餘譬所成立故。應成無窮。意說同喻無能所以。既汝不言諸所作者皆是無常。故彼同喻不必以因宗法及無常宗義相類。但云如瓶。他若有問。瓶復如何無常。復言如燈。如是展轉應成

無窮。是無能義。我若喻言諸所作者皆是無常。譬如瓶等。既以宗法宗義相類總徧一切瓶燈等盡。不須更問。故非無窮成有能也。復難彼言。又不必定有諸品類。若但瓶體為同喻者。非燒見等一切皆類便成過失。若如我說彼喻依中但所作無常等類。便無彼過。又難言。若唯宗法是因性者其有不定應亦成因。此意難言。唯以所作徧宗法性是其因性。同有異無但喻非因。是故瓶空喻非因者。即不定因應亦成因。但有徧宗法無後二相。故古返難言。云何具有所立能立及異品法。二種譬喻

而有此失。彼意難言。云何同品瓶上具有所立無常能立所作。及異品法。此二喻中有不定失。陳那難云。若於爾時所立異品非一種類便有此失。如初後三各最後喻。謂立量時所立異品亦有非有。非一種類。汝既但指瓶爲同品空爲異喻。雖具二喻。喻若非因。便此不定。如初三最後喻者謂九句中初三第三句同品有異品有非有後三最後喻者。謂九句中後三第三句同品有非有異品亦有非有。此二喻中。若同取有義異取無義同喻亦具所立能立及異法喻。然由異品一分有故因成不

定。以汝同喻如瓶異喻如空。喻非因故。不別簡言謂若是常見非所作如虛空等便有不定。若別簡別。喻即是因。便無彼失。簡彼兩三非正因故。要異偏無是正因故。彼復結云。故定三相唯爲顯因。由是道理。雖一切分皆能爲因顯了所立。然唯一分且說爲因。此中故定唯爲之聲彰因三相顯了於宗。二喻即因。雖俱是因顯了宗義於三相中偏宗法性唯此一分且說爲因。餘二名喻。據勝偏明。非盡理說。故名爲且。前文依此顯了宗義說因之三相亦不相違。問。何故共許法不共許法分爲宗因。

同喻上二合爲一支。答。對敵申宗。不共而爲所立。由因成此共許別立能成。同喻令義見邊。二俱助成前立。故因宗別說。同喻合故。問。因陳所作已貫瓶中同喻再申豈非鄭重。答。因雖總說宗義未明。指事明前。非爲鄭重。古師合云。瓶有所作性。瓶是無常。聲有所作性。聲亦無常。今陳那云。諸所作者皆是無常。顯略除繁。喻宗雙貫。何勞長議。故改前師。古師結云。是故得知聲是無常。今陳那云。譬如瓶等。顯義已成。何勞重述。故於喻中雙陳因宗。二種明矣。至後當知。

異法者。若於是處說所立無。因徧非有。

下解異有四。一牒名。二總顯。三別指。四釋成。此卽初二。處謂處所。除宗已外有無法處。謂若有體若無體法。但說無前所立之宗。前能立因亦徧非有。卽名異品。以法異故。二俱異故。理門頌云。宗無因不有。是名異法。有解正取因之異品。由無此故宗必隨無。故亦兼取無宗名異。合名異法。復自難言。若但無因卽名異法。同品非有應是異喻者。若爾。聲無常宗。以電瓶等而爲同喻。勤勇之因。於電非有。應成異品。宗定隨無。由此應言同成宗故。因爲

正同宗爲助同異品離故宗爲正異因爲助異偏
取非異故理門云宗無因不有名爲異法不云因
無宗不有名爲異喻然此不欲別成異法故先無
宗後方無因問何故所立不言偏無能立之因言
偏非有答宗不成因不言偏無因成宗故言偏非
有因不偏無便成異法不定相違種種過起宗之
所立其法極寬如聲無我空等亦有若異皆無都
無異品如空等言便徒施設故知但無隨應少分
因之所立卽是異宗非謂一切皆偏非有問說所
立無因已非有何須復說因偏無耶說因偏無已

無所立何須復說所立宗無答但言所立無因不
偏非有卽九句中異品有攝除二八五餘六句是
異喻亦犯能立不遣若言因偏非有不說所立無
卽九句中同品非有攝四六五是同品亦犯能立
不成若非說所立無亦非因偏非有卽九句中同
品有句除中三句餘六句是異喻亦犯俱不遣過
若說所立無因亦偏非有卽九句中二五八是二
八爲正第五不定同喻或犯俱不成過他句有過
故此有過不爾此句非有過收此中諸過或自或
他或全或分隨其所應準前思作第四句少分爲

正餘皆有過。爲遮此等。必須雙言說所立無因徧非有。

謂若是常見非所作如虛空等。

別指法也。如無常宗是常爲異。所作性因非作爲異。返顯義言於常品中既見非作明所作者定見無常。同成宗故先因後宗。異法離前宗先因後。若異離中因先宗後。如言非作定是常住。翻成本來非諍空常住非是離前成於無常之宗本義也。若成常住便犯相符舊已定宗。今成立故。同既成立先因後宗異既離前隨宗先後意欲翻顯前成立

義。今者宗無因既不轉明因有處宗必定隨異。但說離離成卽得必先宗無後因無也。故理門云。說因宗所隨宗無因不有。如空等者。此舉喻依以彰喻體標其所依有法顯能依之法非有。等等者等取隨所應宗涅槃等法。

此中常言表非無常非非所作言表無所作。

下釋成義。顯異無體亦成三相正因所攝。因明之法以無爲宗無能成立有無皆異。卽如論云。和合非實許六句中隨一攝故。如前五句前破五句體非實有故得爲喻。此中以無而成無故。應以有法

而爲異品無其體故還以無法而爲異云諸是實
者非六句攝無其異體若無爲宗有非能成因無
所依喻無所立故可有爲異異於無故以有爲宗
有爲能成順成有故無非能立因非能成喻無所
立故有無並異皆止濫故無常之宗既是有體所
作瓶等有爲能立故於異品若薩婆多立有體空
爲異若經部等立以無體空爲異但止宗因諸濫
盡故不要異喻必有所依同喻能立成有必有成
無必無表詮遮詮二種皆得異喻不爾有體無體
一向皆遮性止濫故故常言者遮非無常宗非所

作言表非所作因不要常非作別詮二有體意顯
異喻通無體故理門論云前是遮詮後唯止濫由
合及離比度義故前之同喻亦遮亦詮由成無以
無成有以有故後之異喻一向止濫遮而不詮由
同喻合比度義故由異喻離比度義故彼復結云
由是雖對不立實有大虛空等而得顯示無有宗
處無因義成古說聲無常異喻如虛空理門難云
非異品中不顯無性有所簡別能爲譬喻謂於無
常異品應言謂若是常見非所作如虛空等正以
常爲異品兼非所作空爲喻依要此簡別顯異品

無。返顯有所作因。無常宗必隨逐。汝但云如空者。今返難云。非於異品不顯無宗及無因性。即有簡別。故能爲異喻。長讀文勢。義道亦遠。又難古言。世間但顯宗因異品同處有性。爲異法喻。非宗無處因不有性。故定無能。初四句牒。後三句非。此說外道名爲世間。但顯宗因常及非作異品同在虛空上。故說此處空爲異喻體。此牒彼宗而由難言。非宗無處因不有性。故定無能。異品不言謂若是常宗無之處。見非所作因不有性。以離宗因。返顯有因宗必定有。故古異品決定無能。由此但應如我所說。

如有非有說名非有。

恐說異喻。遮義不明。指事爲例。此有二釋。一云。如勝論師爲其五頂不信有性實等外有。遂立量云。有性非實非德非業。有一實故。有德業故。如同異性。陳那破云。此因有有法自相相違。謂有性應非有。有一實故。有德業故。如同異性。此引陳那有非有言。豈言非有別有所目。一向遮有故言非有。常等亦爾。一向遮無常及所作性。故非有所目。二云。此言非有。非引陳那所說非有。汎言非有。略有二義。一者勝論除有五句。皆是非有。此卽表詮。二者非有但非於有非有所目。欲顯同喩成有體宗。可如表五。異喩止濫可如遮有。然中道大乘。一切法性。皆離假智及言詮表言與假智俱不得眞。一向遮詮都無所表。唯於諸法共相而轉。因明之法卽不同彼。然共相中可有詮表義。同喩成立有無二法有成於有可許詮也。無成於無卽可遮也。異喩必遮。故言此遮非有所表。異不同同。理如前說。理門論中於此二喩而設難言。復以何緣第一說因宗所隨逐。第二說宗無因不有。不說因無宗不有耶。此中難意前頌所言說因宗所隨。宗無因不有。此二名譬喩。何不以同例異。先宗後因說無常者皆是所作。而言諸所作者皆是無常。說有因處宗所隨逐。何不以異例同先因後宗。說非所作皆見是常。而言若有是常見非所作。說宗無處因亦隨無。彼論答云。由如是說能顯示因。同品定有異品徧無非顛倒說。卽彼頌言應以非作證其常。或以無常成所作。若爾應成非所說。不徧非樂等合離。初三句答所作徧因。後一句答勤勇狹因。第一同喩先宗後因第二異喩先因後宗返覆相例俱爲不可若以離類合先因後宗而云非所作者皆是常住即應以非所作因自證常住非離先立先宗後因若許爾者即應成立非本所說無常之宗又空常住立敵本成若今更立犯相符過既非本諍翻乃立常由此故言若爾應成非本所說若以合類離先宗後因而云諸無常者皆是所作即應以無常成所作性非以所作成宗無常若許爾者即應成立非本所諍無常宗義又聲無常非兩所許聲上所作兩本許成若以不共許無常成共許之所作宗既相符因亦隨一故云若爾即應成立非本所諍問聲瓶俱無常諸所作者皆無常聲瓶無常兩俱成聲瓶俱所作諸無常者皆所作何撥聲瓶所作兩俱成答彼聲所作非無常瓶許所作亦無常舉瓶所作既無常類聲所作亦無常不欲成瓶所作無常何得別以無常成所作其第四句釋勤勇因亦爲不可言不偏者若以離類合先言若非勤勇無間所發定是常住電非勤發而非常住非勤因寬常住宗局局宗不偏常住寬因即應以非勤發成其常住若爾應成非本所說若以合類離先言諸無常者皆勤勇發電等無常非勤所發

無常因寬勤發宗狹。宗狹因寬亦是不徧。若亦許爾應成非本所諍之說。此勤勇因既同所作。應言又不徧。略故無又字。其非樂者。此不徧因應別有成立不愛樂宗。謂若以離類合言諸非勤發皆常住者。空非勤發可是常住。電非勤發如何皆常。此因既於異品中有。即成不定。便爲成立電等常住不樂之宗。又若以合類離言諸無常者皆是勤發。瓶等無常則是勤發。電等無常如何勤發。此勤發因亦於異品中有。還成不定。既以無常成立電等而是勤發。還非所樂。由此合離二等相例。咸爲不

可。是故但應合離同異如我所說。彼又問言。爲要具二譬喻言詞方成能立。爲如其因但隨說一。此問二喻爲要具說二方成能立成所立宗。爲如所作勤勇二因。但隨說一。即成能立成所立宗。彼自答言。若就正理應具說二。由是具足顯示所立不離其因。以具顯示同品定有異品徧無。能正對治相違不定。由具顯二。故能顯示宗不相離因。亦顯宗因同品定有異品徧無。二喻既足。故能正除相違不定。相違不定二相過故。相違之因同無異有。不定之因二有二無。故說二喻具以除二過。彼復

又言若有於此一分已成隨說一分亦成能立謂於二喻有已解同應但說異有已解異應但說同。不具說二亦成能立彼論又言若如其聲兩義同許俱不須說或由義準一能顯二聲謂有法所作性因依此聲有若敵證等聞此宗因如其聲上兩義同許即解因上二喻之義同異二喻俱不須說或立論者已說一喻義準顯二敵證生解但爲說一此上意說二俱不說或隨說一或二具說隨對時機一切皆得。

己說宗等如是多言開悟他時說名能立。

解能立中自下第三總結成前簡擇同異於中有二初結成前後簡同異結成有二初總結成後別牒結此即初也若順世親宗亦能立故言宗等宗因喻三名爲多言立者以此多言開悟敵證之時說名能立陳那已後舉宗能等取其所等一因二喻名爲能立宗是能立之所立具故於能立總結明之。

如說聲無常是立宗言。

下別牒結能立文勢有四此文初也牒前宗後指法云如有成立聲是無常者此是所諍立宗之言。

所作性故者是宗法言。

第二文也。牒前因後指法云。此中所作性者是宗之法能立因言。由是宗法故能成前聲無常宗名爲因也。有故字者。前無有顯。今立因法必須言故。不爾便非標宗所以。前略指法。由此略無前指法中指示二因。今唯牒一。前者欲顯同品定有餘二言徧。三相異故別顯二因。今略結指故唯牒一。

若是所作見彼無常如瓶等者是隨同品言。

第三文也。牒前同喩後指法云。謂若有所作因見有無常宗。猶如瓶等是無常宗隨因所作同品之言。雖所作因舉聲上有以顯無常。無常猶未隨所

作因所作因通聲瓶兩處名因同品。今舉瓶上所作故無常顯聲無常亦隨因同品義決定故。又同品者是宗同品。昔雖舉因宗猶未隨自瓶同品無常義定。今顯有因宗法必有如瓶等故。其所立聲定隨同品無常義立。問敵者不解聲有無常何得以瓶而爲同品。答。兩家共許所作同故因正同品。立者所立本立無常故舉於瓶爲宗同品亦無過也。

若是其常見非所作如虛空者是遠離言。

第四文也。牒前異喻後指法云。若是其常離所立宗。見非所作離能立因。如虛空者。指異喻依。此指於前宗因二濫名遠離言。遠宗離因。或通遠離。或體疏名遠義乖名離。與所能立體相疏遠義理乖絕。故名遠離。問。何故但離宗之與因。不能離喻。答。別離宗因。合則離喻。更不別說。然同成宗。故必須體。今以止非。不須異性。問。何故但名異喻。不名異宗因耶。答。喻合兩法。宗因各一。說異喻以總包言異二而爲失。若言異宗異因。謂更別成他義。非是離前返成能立。故總名異喻。合異宗因。不別說異宗異因之號。

唯此三分說名能立。

此簡同異理門論云。又比量中。唯見此理。若所比處此相審定。（偏是宗法性也。）於餘同類念此定有。（同品定有性也。）於彼無處念此偏無。（異品偏無性也。）是故由此生決定解。即是此中唯舉三能立。彼引本頌言。如自決定已。悕他決定生。說宗法相應所立餘遠離。此說二比。一自。二他。自比處在弟子之位。此復有二。一相比量。如見火相煙。知下必有火。二言比量。聞師所說比度而知。於此二量自生決定。他比處在師主之位。與弟子等作其比量悕他解生。上之二句。如次別配彼論自釋下二句言。爲於所比顯宗法性。故說因言。爲顯於此不相離性。故說喻言。順成返成。宗因不相離性。卽是二喻。爲顯所比故說宗言。故因三相宗之法性。與所立宗說爲相應。釋餘遠離言除此更無其餘支分。由是遮遣餘審察等及與合結。卽是此論說唯此言。卽簡別故。諸外道等立審察支。立敵皆於未立論前先生審察問定宗徒。以爲方便言申宗致集量破云。由汝父母生汝身故。方能立論。又由證者語具牀座等。方得立論。皆應名能立。立者智

生。望他宗智皆疏遠故。尙非能立。況餘法耶。古師所立八四三等爲能立支。皆非親勝所以不說。故說等言其合結支。離因喻無。故不別立。性殊勝故。於喻過中無合倒合過。爲增勝故名似立。至下當知。

雖樂成立。由與現量等相違故。名似立宗。

依標釋中大文有六。自下第二次解似立。文段有二。初別解似。後結非眞。初中有三。初解似宗。次解似因。後解似喻。初復有二。初牒己說有過非眞。後隨標似列指釋結。此卽初初也。樂爲有二。一當時樂

爲二。後時樂爲前。樂爲當時之所樂。似宗所立。後時。樂爲。故樂爲言義通眞似。前將當時之樂爲簡非當時之所樂故似宗等非是眞宗。論說雖言義兼德失。雖復前言樂所成立說名爲宗。此爲德也。當時立故無諸過。故若與現量等相違故後時之樂爲非當時之所樂。名似立宗。此爲失也。後時立故有諸過。故又此雖言亦顯不定。欲顯樂爲通其今後二時不定。前當時樂所立名宗。後時樂爲名似立宗。今顯後樂故名似宗。

現量相違。比量相違。自教相違。世間相違。自語相違。

下隨標似列指釋結有三。初隨標列。次隨列指法。後隨指釋結。列名有二。初隨古列。後隨今列。此隨古也。陳那唯立此五。天主更又加餘四。故理門論云非彼相違義能遣義。如前說。若依結文或列有三。初顯乖法。次顯非有。後顯虛功。此即初也。乖法有二。自教自語唯違自而爲失。餘之三種違自共而爲過。又現比違立敵之智。自教違所依憑。世間依勝義而無違。依世俗而有犯。據世間之義立違世間之理智。自語立論之法。有義有體。體據義釋。立敵共同。後不順前。義不符體。標宗既已乖角。能立何所順成。故此五違皆是過攝。

能別不極成。所別不極成。俱不極成。

若爲二科。下隨今列。初三闕依。後一義順。若爲三科。下顯非有。宗非兩許。依必共成。依若不成。宗依何立。且如四支無闕。勝軍可成。衆支既虧。勝軍寧立。故依非有宗義不成。

相符極成。

此顯虛功。對敵諍宗本由理返。立宗順敵。虛棄已功。故亦過攝。

此中現量相違者。如說聲非所聞。

自下第二隨列指法。同前科列。此中簡持。唯且明一。現量體者。立敵親證法自相智。以相成宗。本符智境。立宗已乖正智。令智邪得。會眞耳爲現體。彼此極成聲爲現得。本來共許。今隨何宗所立。但言聲非所聞。便違立敵證智。故名現量相違。此有全分一分四句。全四句者。有違自現非他。如勝論師對大乘云。同異大有非五根得。彼宗自許現量得故。雖此亦有違教相符。今者但彰違自現量。有違他現非自。如佛弟子對勝論云。覺樂欲瞋。非我現境。彼宗說爲我現得故。雖此有自能別不成。今此但取違他現量有違共現謂論所陳一切皆許聲所聞故雖此亦有違教世間今者但取違共現量有俱不違如前所說聲是無常一分四句者有違自一分現非他如勝論立一切四大非眼根境彼說風大及三極微非眼根得三麤可得今說一切違自一分雖此亦有違教等失今取違現有違他一分現非自如佛弟子對勝論云地水火三非眼所見彼說麤三是眼所見極微非見故違一分有俱違一分現如勝論師對佛弟子立色香味皆非眼見唯色眼見彼此共知餘皆非見名違共一分

雖此亦有一分違自教世間相符今者但取俱違一分俱不違一分者如佛弟子對數論云自性我體皆轉變無常雖違彼教非現量故此二四句中違他及俱不違並非過攝立宗本欲違害他故違他非過況俱不違違自及共皆是過收現比量等立義之具今既違之無所準憑依何立義論中指法依共全違例餘諸句令皆準悉此初示法略顯方隅下陳過中非無餘過既止繁議皆應準解

比量相違者如說瓶等是常

比量體者謂證敵者籍立論主能立眾相而觀義

智宗因相順他智順生宗既違因他智返起故所立宗名比量相違此中意言彼此共悉瓶所作性決定無常今立爲常宗既違因令義乖返義乖返故他智異生由此宗過名比量相違亦有全分一分四句全四句者有違自比非他如勝論師立和合句義非實有體彼宗自許比知有故有違他比非自如小乘者對大乘立第七末那定非實有大乘捨佛比量知有如眼根等爲六依故有違共比卽論所陳彼此比知瓶無常故二分四句者有違自一分比非他如勝論師對佛法云我六句義皆非實有彼說前五現量所得和合一句比量知故有違他一分比非自如大乘者對一切有說十色處定非實有彼說五根除佛已外皆比得故有違共一分比如明論師對佛法者立一切聲是常彼宗自說明論聲常可成宗義除此餘聲彼此皆說體是無常故成一分或是他全自宗一分其違比量同前現量全及一分皆有俱不違易故不述下皆準知違自及共可此過收違他非過若俱不違或非此過有相符失立量本欲違他比故論中指法依其全違餘準知爾此中但明宗法自相比量

相違。準因亦有法之差別有法自相有法差別比量相違。因違宗喻既有四失。宗違因喻理亦有四。恐文繁憒所以略之至相違決定廣當顯示。

自教相違者如勝論師立聲爲常。

自教有二。一若立所師對他異學自宗業教二若不顧立隨所成教今此但舉自宗業教對他異學。凡所競理必有據憑義既乖於自宗所競何有憑據。亦有全分一分四句全四句者有違自教非他如論說是有違他教非自如佛弟子對聲論師立聲無常。有違共教如勝論師對佛弟子立聲爲常。

一分四句者有違自一分教非他如化地部對薩婆多立三世非有違自所宗現世有故有違他一分教非自如化地部對大乘師立九無爲皆有實體違大乘師除眞如外無實體故有違共一分教。如經部師對一切有立色處色皆非實有麤微非實可對成宗彼宗共許極微實有違共一分或違他全自成一分上二四句唯違他句非是過攝違自及共皆是過收理如前說雖共違教亦是過收。但取一分違自爲失故論但說自教相違引自爲證他未信從能立之法必極成故對敵申宗必乖

競故。違自憑據卽便爲失。毀背所師無宗稟故。若
俱不違。雖非此過。必有相符極成之失。
因明入正理論疏卷四

因明入正理論疏卷五

唐京兆大慈恩寺沙門窺基撰

世間相違者。如說懷兎非月有故。又如說言人頂骨淨。衆生分故。猶如螺貝。

可破壞義。有遷流義。名世也。墮世中故名間。大般若云。是世間出。故名世間。造世間故。由世間故。爲世間故。因世間故。屬世間故。依世間故。名爲世間。廣如第五百卷說。此有二種。一非學世間。除諸學者。所餘世間所共許法。二學者世間。卽諸聖者所知麤法。若深妙法。便非世間。初非學世間者。卽此

所言月是懷兎。人頂骨不淨。一切共知月有兎故。說此因緣。如西域記。世間共知死人頂骨爲不淨故。若諸外道對佛弟子。有法不簡擇。但總說言懷兎非月。以有體故。如日星等。雖因喻正。宗違世間。故名爲過。然論但有宗因無喻。理門論云。又若於中由不共故。無有比量。爲極成言相違義遣。如說懷兎非月有故。彼言意顯以不共世間所共有知故。無有道理可成比量。令餘不信者信懷兎非月。是故爲過。正與此同。此論又言。如迦婆離外道。此名結鬘。穿人髑髏以爲鬘飾。人有誚者。遂立量言。

人項骨淨宗衆生分故因猶如螺貝喩能立因喩雖無有過宗違世間共爲不淨是故爲失此二皆是非學世間但有違共無自他等文唯説全理亦應有一分違者若有合説懷兎非日月唯月一分違共世間日不違故問且如大師周遊西域學滿將還時戒日王王五印度爲設十八日無遮大會令大師立義偏諸天竺簡選賢良皆集會所遣外道小乘競申論詰大師立量時人無敢對揚者大師立唯識比量云眞故極成色不離於眼識宗自許初三攝眼所不攝故因猶如眼識喩何故不犯

世間相違世間共説色離識故答凡因明法所能立中若有簡別便無過失若自比量以許言簡顯自許之無他隨一等過若他比量汝執等言簡無違宗等失若共比量等以勝義言簡無違世間自敎等失隨其所應各有標簡此比量中有所簡別故無諸過有法言眞明依勝義不依世俗故無違於非學世間又顯依大乘殊勝義立非依小乘亦無違於阿含等敎色離識有亦無違於小乘學者世間之失極成之言簡諸小乘後身菩薩染汙諸色一切佛身有漏諸色若立爲唯識便有一分自

所別不成亦有一分違宗之失十方佛色及佛無
漏色他不許有立爲唯識有他一分所別不成其
此二因皆有隨一一分所依不成說極成言爲簡
於此立二所餘共許諸色爲唯識故因云初三攝
者顯十八界六三之中初三所攝不爾便有不定
違宗謂若不言初三所攝但言眼所不攝故便有
不定言極成之色爲如眼識眼所不攝故定不離
眼識爲如五三眼所不攝故極成之色定離眼識
若許五三眼所不攝故亦不離眼識便違自宗爲
簡此過言初三攝其眼所不攝言亦簡不定及法

自相決定相違謂若不言眼所不攝但言初三所
攝故作不定言極成之色爲如眼識初三攝故定
不離眼識爲如眼根初三攝故非定不離眼識由
大乘師說彼眼根非定一向說離眼識故此不定
云非定不離眼識不得說言定離眼識作法自相
相違言眞故極成色非不離眼識初三攝故猶如
眼根由此復有決定相違爲簡此三過故言眼所
不攝故若爾何須自許言耶爲遮有法差別相違
過故言自許非顯極成色初三所攝眼所不攝他
所不成唯自所許謂眞故極成色是有法自相不

離於眼識。是法自相。定離眼識色非定離眼識色。
是有法差別。立者意許是不離眼識色。外人遂作
差別相違言極成之色非是不離眼識色初三所
攝眼所不攝故。猶如眼識。爲遮此過。故言自許。與
彼比量作不定言極成之色。爲如眼識。初三所攝
眼所不攝故。非不離眼識色。爲如自許他方佛等
色。初三所攝眼所不攝故。是不離眼識色。若因不
言自許。卽不得以他方佛色而爲不定。此言便有
隨一過。故汝立比量。旣有此過。非眞不定。凡顯他
過。必自無過。成眞能立。必無似。故明前所立無有

有法差別相違。故言自許。然有新羅順憬法師者。
聲振唐番。學苞大小。業崇迦葉。每稟行於杜多。心
務薄俱。恆馳誠於小欲。旣而蘊藝西夏。傳照東夷。
名道日新。緇素欽挹。雖彼龍象不少。海外時稱獨
步。於此比量作決定相違。乾封之歲。寄請師釋云。
眞故極成色定離於眼識。自許初三攝眼識不攝
故。猶如眼根。時爲釋言。凡因明法。若自比量。宗因
喻中皆須依自他共亦爾。立依自他共。敵對亦須
然。名善因明無疏謬矣。前云唯識。依共比量。今依
自立。卽一切量皆有此違。如佛弟子對聲生論。立

聲無常所作性故譬如瓶等聲生論言聲是其常所聞性故如自許聲性應是前量決定相違彼既不成故依自比不可對共而爲比量又宗依共已言極成因言自許不相符順又因便有隨一不成大乘不許彼自許眼識不攝故因於共色轉故又同喻亦有所立不成大乘眼根非定離眼識根因識果非定卽離故況成事智通緣眼根疏所緣緣與能緣眼識有定相離義又立言自許依共比量簡他有法差別相違敵言自許顯依自比眼識不攝豈相符順又彼比量宗喻二種皆依共比唯因

依自皆相乖角故雖微詞通起而未可爲指南幸能審鏡前文應亦足爲理極上因傍論廣說師宗宗中既標眞故無違世間之失上說名爲非學世間二學者世間衆多學人所共知故若違深淺二義俱得名違自教若唯違於淺義亦得名違世間深義幽懸非是世間所共知故亦有全分一分四句是過非過皆如自教相違中釋違學者世間必違自教故論中但有違非學世間全分俱句餘準定然凡若宗標勝義如掌珍言眞性有爲空如幻緣生故無爲無有實不起似空華亦無違自教世

間等過失。

自語相違者如言我母是其石女。

宗之所依謂法有法。有法是體。法是其義。義依彼體。不相乖角可相順立。今言我母。明知有子。復言石女。明委無兒。我母之體與石女義有法及法不相依順。自言既已乖反。對敵何所申立。故爲過也。石女正翻應爲虛女。今順古譯存石女名。理門論云。如立一切言皆是妄。謂有外道立一切言皆是虛妄。陳那難言。若如汝說諸言皆妄。則汝所言稱可實事。既非是妄。一分實故。便違有法一切之言。

若汝所言自是虛妄。餘言不妄。汝今妄說。非妄作妄。汝語自妄。他語不妄。便違宗法言皆是妄。故名自語相違。若有依教名爲自語。此中亦有全分一分二種四句。全四句者。有違自語非他。如順世外道對空論言四大無實。彼說四大必非無實。彼云無實。必非四大。以違自教自語非他。有違他語非自。如佛法者對數論言。彼我非受者。彼所說我必非非受者。若非受者。必非彼我。故違他教他語非自。有俱違自他語。謂如一切言皆是妄。此依違教方有諸句。故此一分句。亦卽是前一分自教相違。

義準應悉二四句中違自及共皆此過攝其違共
中違他非過違自爲失故此但名自語相違雖俱
不違非此過攝兩同必有相符極成故亦過攝唯
違於他總非過攝本害他故此說決定自語相違
亦有兩俱隨一全分猶預自語相違恐繁且止至
不成中當具顯示

能別不極成者如佛弟子對數論師立聲滅壞

若作二科上明古似下明今似今似有二初三闕
依後一義順若爲三科上五顯乖法明相違義次
三顯非有明所依無成劫之初有外道出名劫比

羅此云黃赤色仙人鬚髮面色皆黃赤故古云迦
毗羅仙人訛也其後弟子十八部中上首者名筏
里沙此名爲雨雨際生故其雨徒黨名雨衆梵云
僧佉奢薩坦羅此名數論謂以智數數度諸法從
數起論論能生數復名數論其學數論及造彼者
名數論師彼說二十五諦略爲三中爲四廣爲二
十五諦略爲三者謂自性變易我知者自性者古
云冥性未成大等名自性將成大等亦名勝性勝
異舊故變易者謂中間二十三諦非體新生根本
自性所轉變故我知者謂神我能受用境有妙用

故中爲四者一本而非變易謂自性能成他故名本非他成故非變易二變易而非本此有二義一云十六諦謂十一根及五大二云十一種除五大三亦本亦變易亦有二義一云七諦謂大我執五唯量二云十二種謂前七加五大能成他故名本爲他成故名變易四非本非變易謂神我不能成他非他成故廣爲二十五諦一自性二大三我執四五唯五五大六五知根七五作業根八心平等根九我知者於此九法開爲二十五諦謂初自性總名自性別名三德薩埵剌奢答摩一一皆有三種德故初云薩埵此云有情及勇健義今取勇義剌闍云微亦名塵坌今取塵義答摩云闇鈍之闇自性正名勇塵闇也言三德者如次古名染麤黑今名黃赤黑舊名喜憂捨今名貪瞋癡舊名樂苦癡今名樂苦捨由此三德是生死因神我本性解脫我思勝境三德轉變我乃受用爲境纏縛不得涅槃後厭修道我既不思自性不變我離境縛便得解脫中間二十三諦雖是無常而是轉變非有生滅自性神我用或有無體是常住然諸世間無滅壞法廣如金七十論及唯識疏解今佛弟子

對數論師立聲滅壞有法之聲彼此雖許滅壞宗法他所不成世間無故總無別依應更須立非眞宗故是故爲失如是等義皆如上說此有全分一分四句全四句者有自能別不成非他如數論師對佛弟子云色聲等五藏識現變有法色等雖此共成藏識變現自宗非有他能別不成非自如論所陳立聲滅壞有俱能別不成如數論師對佛弟子說色等五德句所收彼此世間無德攝故二分四句者有自一分能別不成非他如薩婆多對大乘者說所造色大種藏識二法所生一分藏識

自宗無故有他一分能別不成非自如佛弟子對數論師立耳等根滅壞有易有易彼宗可有一分滅壞無故有俱一分能別不成如勝論師對佛弟子立色等五皆從同類及自性生同類所生兩皆許有自性所起兩皆無故此二四句唯俱成是餘皆非攝論說於他全分不成餘皆準悉

所別不極成者如數論師對佛弟子說我是思卽前數論立神我諦體爲受者由我思用五塵諸境自性便變二十三諦故我是思是思宗法彼此共成佛法有思是心所故唯有法我佛之弟子多

分不立。除正量等。餘皆無故。理如前說。此有全分一分四句。全四句者。有自所別不成非他。如佛弟子對數論言我是無常。是無常法。彼此許有。有法神我自所不成。今此有法不標汝執。故是宗過。有簡便無。有他所別不成非自。如數論者立我是思。有俱所別不成。如薩婆多對大眾部立神我實有。實有可有。我兩無故。一分四句者。有自一分所別不成非他。如佛弟子對數論言我及色等皆性是空。色等許有。我自無故。宗無簡別。爲過如前。有他一分所別不成非自。如數論師對佛弟子立我色等皆並實有。佛法不許有我體故。有俱一分所別不成。如薩婆多對化地部說我去來皆是實有。世可俱有。我俱無故。此二四句。唯俱不違非是過攝。餘皆是過。論說他全所別不成。餘皆準悉。問若說我是思所別不成者。如何可立我等爲有。答若有所簡。卽便無過。謂我能詮。必有所目。如色等類。便無過故。不爾便成。上二過中。初過亦名所依不成。能別有故。後過亦名能依不成。所別有故。兩俱隨一全分一分。皆悉具有。由是所立不與能依所依之名。義準亦有能別所別猶預不成。偏生疑故。至因當知。

俱不極成者如勝論師對佛弟子立我以爲和合因緣。

前已偏句。一有一無。今兩俱無故亦是過。成劫之末有外道出。名嗢露迦。此云鵂鶹。晝藏夜出。遊行乞利。人以爲名。舊云優婁佉。訛也。後因夜遊驚傷産婦。遂收場碾米齊食之。因此亦號爲蹇拏僕。云食米齊仙人。舊云蹇拏陀。訛也。亦云吠世史迦。此云勝論。古云鞞世師。衛世師。皆訛也。造六句論。諸論中勝。或勝人造。故名勝論。此說六句。一實。二德。

三業。四有。十句論中亦名爲同。俱舍論名總同句義。五同異。十句論名俱分。六和合。實有九種。謂地水火風空時方我意。德有二十四。謂色味香觸數量別性合離彼性此性覺樂苦欲瞋勤勇重性液性潤性法非法行聲。業有五。謂取捨屈伸行。有體是一。實德業三同一有。故同異體多。實德業三各有總別之同異故。和合唯一。能令實等不相離相屬之法故。十八部中上首名戰達羅。此云惠月。造十句論。此六加四。謂異有能無能無說。廣如勝論宗十句論。幷唯識疏解。彼說地水各並有十四德。

火有十一。風有九德。空有六德。時方各五。我有十四德。謂數量別性合離覺樂苦欲瞋勤勇法非法行。意有八德。和合因緣者。十句論云。我云何。謂是覺樂苦欲瞋勤勇法非法行等和合因緣起智爲相名我。謂和合性。和合諸德與我合時。我爲和合因緣。和合始能和合。令德與我合。不爾便不能。我之有法此已不成。和合因緣此亦非有。故法有法兩俱不成。此中不偏取和合。亦不偏取因緣總取和合之因緣故名不成。不爾便成自亦許有。此中全分及一分各有五種四句。初四句者。有自能別不成他所別。如數論者對勝論云。自性體是和合因緣。所別他非有。能別自不成。有他能別不成自所別。如數論師對勝論云。和合因緣體是自性。所別自非有。能別他不成。有俱能別不成自所別。如數論師對大乘立。阿賴耶識是和合因緣。所別自不成。能別俱非有。有俱能別不成他所別。如大乘師對數論立。藏識體是和合因緣。所別他不成。能別俱非有。第二四句者。有自能別不成俱所別。如數論師對勝論立。藏識體是和合因緣。有他能別不成俱所別。如勝論對數論立。藏識體是和合因

緣。有俱能別不成俱所別。如薩婆多對大乘立我
是和合因緣。有俱能別不成俱非所別。唯此一句。
是前偏句能別不成中全俱非句是前之七句皆
是此過。如能別不成爲首有二四句。如是所別不
成爲首亦有二種四句。初四句者。有自所別不成
他能別。卽前第二句。有他所別不成自能別。卽前
第一句。有俱所別不成自能別。卽前第五句。有俱
所別不成他能別。卽前第六句。第二四句者。有自
所別不成俱能別。卽前第三句。有他所別不成俱
能別。卽前第四句。有俱所別不成俱能別。卽前第

七句。有俱所別不成俱非能別。非是前說能別爲
首句。但是偏句所別不成中全俱非句。是其前七
句皆是此過。然卽是前七句所攝。更無有異。復有
自兩俱不成非他。如佛弟子對勝論師立我以爲
和合因緣。有他兩俱不成非自。如勝論師對佛弟
子立於此義。有俱兩俱不成。如薩婆多對大乘者
立於此義。有俱非自他兩俱不成。如無過宗。初三
皆過。第四非過。上來合說五種全句。一一離之復
爲一分成五別句。復將自能別一分不成等句。對
餘全句。復將全能別不成等句。對餘一分句。皆理

定有。隨其所應。諸兩俱過。皆名兩俱不極成。諸自他過。皆名隨一不極成。由此亦有兩俱隨一猶預全分一分等過。能所別中俱生疑故。論中且說隨他一全分俱不極成。以示其法。餘應準知。上來三過皆說自相。若三差別亦有不極成。如勝論立四大種常。四大種中意之所許實非實攝有法差別。他宗不許有實攝法。卽名所別差別他不極成。如數論師眼等必爲他用。爲他用中意之所許積聚他不積聚他。是法差別。佛法不許有不積聚他。卽名能別差別他不極成。如大乘師對數論立識能

變色等宗。此中有法識自相中。阿賴耶識心平等根識是有法差別。他不許有差別藏識。自不許有心平等識。其法自相能變色等中。生起轉變常住轉變是法差別。生起轉變他不許有。常住轉變自不許有。卽名兩俱不極成。於彼三種差別不極成中亦有自他兩俱全分一分等過。恐厭文繁。故不具述。

相符極成者。如說聲是所聞。

爲二科中。今似有二。上三明闕依。此一明義順。若依三科。此顯其虛功。對敵申宗。本諍同異。依宗兩

順枉費成功。凡對所敵立聲所聞必相符故。論不標主。此有全分一分四句。全四句者。有符他非自。如數論師對勝論者立業滅壞。有符自非他。如勝論師對數論師立業滅壞。有俱相符。如聲是所聞。有俱不符。如數論師對佛法立業滅壞。一分四句者。有符他一分非自。如薩婆多對數論立我意實有。說意爲實兩不相符。立我實有符他一分。有符自一分非他。如薩婆多對大乘立我及極微二俱實有。我體實有兩不相符。極微有實符自一分。有俱符一分。如薩婆多對勝論立自性及聲二俱無常。自性無常兩不相符。聲是無常兩符一分。有俱不符一分。如薩婆多對大乘立我體實有。此諸句中符他兩符全分一分皆是此過。符自全分。或是眞宗。幷俱不符。或是所別能別不成。俱不極成違教等過。皆如理思。論中但依兩俱全分相符極成以示其法。餘令準悉。問。此九過中頗有現量相違亦比量相違耶。乃至有現量相違亦相符極成耶。如是現量一箇有八四句。如是比量一箇有七。乃至俱不極成一箇有一。合三十六一箇四句。答。此九過中有自他共不共全分一分。由是綺互各爲四句。有是違現非比。如聲非所聞。有違比非現。如說瓶常。有違現亦比。如小乘師對大乘立觸處諸色非定心得。有違現非自教。如違他現非違自教。有違自教非現。如勝論師立聲是常。有違現亦自教。諸違自現必違自教故。有違現非世間。如違自現非非學世間。有違世間非現。如說懷兎非月。有違現亦世間。如說聲非所聞。有違現非自語。如違他現。有違自語非現。如說一切言皆是妄。有違現亦自語。如違自現必違自教自語。有違現非能別不成。如聲非所聞。有能別不成非違現。如對數論立聲滅壞。有違現亦能別不成。如唯違自現及他能別不成。若違共現能別必成故。有違現非所別不成。如聲非所聞。有所別不成非違現。如對佛弟子說我是思。有違現亦所別不成。如違自現亦所別不成。若違共現所別必成故。有違現非俱不成。如聲非所聞。有俱不成非違現。如對佛法說我以爲和合因緣。有違現亦俱不成。如違自現他俱不成。若違共現他俱必成故。有違現非相符。如聲非所聞。有相符非違現。如聲所聞。有違現亦相符。如違自現有符他義。如勝論立覺樂等德。非我境界。

若違共現必非相符故如是乃至有俱不成非相符如對佛法說我以爲和合因緣有相符非俱不成如聲是所聞有俱不成亦相符謂自兩俱不成亦相符他故如是合有三十六四句頗有現量相違亦比量自敎相違如以現量合二有二十八四句以比量合二有二十一四句自敎合二有十五四句世間合二有十種四句自語合二有六四句能別合二有三四句所別合二有一四句如是三合總有八十四種四句頗有現量相違亦比量自敎世間相違耶如以現量合三有二十一四句比

量合三有十五四句自敎合三或有十種四句世間合三有六四句自語合三有三四句能別合三有一四句如是四合總有五十六種四句頗有現量相違亦比量自敎世間自語相違耶如以現量合四有十五四句比量合四有十種四句自敎合四有六四句世間合四有三四句自語合四有一四句如是五合總有三十五種四句頗有現量相違亦比量自敎世間自語相違能別不極成耶如以現量合五有十種四句比量合五有六四句自敎合五有三四句世間合五有一四句如是六合

總有二十種四句。頗有現量相違亦比量自教世間自語相違所別能別不成耶。如以現量合六有六四句。比量合六有三四句。自教合六有一四句。如是七合總有十種四句。頗有現量相違亦比量自教世間自語相違能別所別俱不成耶。如以現量合七有三四句。比量合七有一四句。如是八合有四四句。頗有現量相違亦餘八過耶。如是九合有一四句。上來二合乃至八合有二百一十種四句。并前一箇三十六種四句。總計合二百四十六種四句。前云且答現量一箇八種四句。此論所說現量相違有四過合。現量自教世間自語。比量亦四。比量自教世間自語。自教亦四。自教比量世間自語。世間二違。世間比量。或加自教。或加自語。自語亦四。自語比量自教世間。能別不成唯一能別。雖違他教作他比量皆非失故所別不成唯一所別。或加比量。彼我非思許是我故。如勝論我。俱不極成唯違自一。或加比量。彼我非和合因緣許是我故。如數論我。相符唯一。謂自相符。如是總說有二違一。能別相符有二違二所別及俱不極成有四違四。現量比量自教自語。其世間相違不定。或二。或三。或四。如前總爲四類。如上所說九種過中。或少或多。如各自處。且爲大例。一一過中皆有自他俱不俱全分一分二種四句。以現量中初違自現對比量中違自比爲四句云。有違自全現非違自全比量。有違自全比非違自全現。有違自全現亦違自全比。有非違自全現亦非違自全比。爲初四句。其比量中既有八句。如以自現相對爲四句。以現量中餘七。對比量中八句各爲四句亦爾。如是比現量相違相對爲句。計有六十四種四句。如是以現量八句乃至對相符極成八句合計現量

八句一分有八類六十四種四句。合成五百一十二種四句。以比量句對餘七種六十四種四句。合成四百四十八種四句。自教對餘六種六十四種四句。合成三百八十四種四句。世間對餘五種六十四種四句。合成三百二十種四句。自語對餘四種六十四種四句。合成二百五十六種四句。能別對餘三種六十四種四句。合成一百九十二種四句。所別對餘二種六十四種四句。合成一百二十八種四句。俱不極成對餘一種六十四種四句。總計合有二千三百四種四句。是句非句。準前八句。

各如理思恐憂文繁所以略止。
如是多言是遣諸法自相門故不容成故立無果故。
名似立宗過。
此第三段隨指釋結如是多言牒前九過下之三故釋過所由名似立宗總結成也是遣諸法自相門故釋立初五相違所由此中意說宗之有法名爲自相局附自體不共他故立敵證智名之爲門由能照顯法自相故立法有法擬生他順智今標宗義他智解返生異智既生正解不起無由照解所立宗義故名遣門又即自相名之爲門以能通

生敵證智故凡立宗義能生他智可名爲門前五立宗不令自相正生敵證眞智解故名遣諸法自相之門不容成故者容謂可有宗依無過宗可有成依既不成更須成立故所立宗不容成也故似宗內立次三過立無果者果謂果利對敵申宗本爭先競返順他義所立無果由此相符亦爲過失。結此九過名似立宗然雜集論第十六云立宗者謂以所應成自所許義宣示於他令彼解了此簡五失師子覺說若不言以所應成者自宗已成而說示他應名立宗此言意說若非今競所應成義。

但說自宗先已成義應名立宗若不言自所許義者說示他宗所應成義應名立宗此二以簡相符極成若不言他者獨唱此言應名立宗今要有敵方爲九過彼說無敵亦爲過故若不言宣示者以身表示此義應名立宗以言能立不待身故若如提婆破外道義動身令解亦名破他若不言令他解了者聽者未解此義應名立宗卽除相符攝餘八過他皆未解皆非眞宗或此闕無能立亦非所競之宗他未解故或猶預宗他未解故隨其所應九過中攝準因當知若如所安立無一切過量故

建立我法自性若有若無我法差別徧不徧等具足前相是名立宗若準彼文過多於此第三第四或并第五少分此中無故

已說似宗當說似因

下解似因文分爲二初結前生後後依標正解此初也

不成不定及與相違是名似因

下依標釋爲二初列三名後隨別釋此初也能立之因不能成宗或本非因不成因義名爲不成或成所立或同異宗無所楷準故名不定能立之因

違害宗義返成異品名相違雖因三相隨應有過俱不能成宗應皆名不成若後二相俱有俱無異全同分同全異分俱分難準不能定成一宗令義無所決斷與名不決定若後二相同無異徧異分同無不成所立返成異品與名相違若是初相於宗有失不能成宗無別勝用與名不成若因自不成名不成非不能成宗名不成者因是誰因言自不成離宗獨說有因可因自不成因既是宗因有過不能堪爲因明知不能成宗名不成又若因自不成名不成亦應喻自不成名不成非不能成宗因名不成能立不成等便徒施設又文說不成之義皆因於宗不成故知不成非自不成是故應如此中所說或理釋言因之與喻並自不成兩俱非因隨一非因於因生疑因無所依喻無能立或無所立或二俱無義不明顯體不成喻由此因喻並自不成理亦無爽

因明入正理論疏卷五

因明入正理論疏卷六

唐京兆大慈恩寺沙門窺基撰

不成有四。一兩俱不成。二隨一不成。三猶豫不成。四所依不成。

下隨別釋有三。初不成。次不定。後相違。初文有二。初標數列名。後隨列別釋。此初也。凡立比量因後宗前。將已極成成未共許。彼此俱謂因於有法非有。不能成宗。故名兩俱不成。一許一不許因於有法有非兩俱極成。故名隨一不成。說因依有法決定可成宗。說因既猶豫其宗不定成。名猶豫不成。無因依有法。有法通有無。有因依有法。有法唯須有。因依有法無。無依因不立。名所依不成。故初相過立此四種。

如成立聲爲無常等。若言是眼所見性故。兩俱不成。

別釋爲四。初二句宗。次二句因。後一句結。如勝論對聲論立聲無常宗。眼所見因。凡宗法因。必兩俱許依宗有法而成。隨一不共許法。今眼見因。勝聲二論皆不共許聲有法有。非但不能成宗。自亦不成因義。立敵俱不許名爲俱不成。此不成因。因依有有法。合有四句。一有體全分兩俱不成。如論所說。

二無體全分兩俱不成。如聲論師對佛弟子立聲是常實句攝故。此實攝因兩說無體。共說於彼有法無故。三有體一分兩俱不成。如立一切聲皆常宗勤勇無間所發性因。立敵皆許此因於彼外聲無故。四無體一分兩俱不成。如聲論師對佛弟子說聲常宗。實句所攝耳所取因。耳所取因立敵皆許於聲上有。實句所攝一分因言兩俱無故。於聲不轉。此四皆過不成宗故。論眼見因不但成聲無常爲失。成聲之上無漏等義一切爲過。故宗云等。

所作性故。對聲顯論隨一不成。

初一句因體。次一句辯宗。後一句結過。能立共許不須更成。可成所立。既非共許。應更須成。故非能立宗與前同故。唯敘因。若勝論師對聲顯論立聲無常所作性因。其聲顯論說聲緣顯。不許緣生。所作既生由斯不許。故成隨一。非爲共因。問。亦有傳釋所作通顯。云何此因名爲隨一。答。依文釋義。深達聖情。理外浪加。未可依據。此之所作對聲顯論不成。故所作言必唯生義。此隨一因於有有法略有八句。一有體他隨一。如論所說。二有體自隨一。如聲顯論對佛弟子立聲爲常所作性故。三無體他隨一。如勝論師對諸聲論立聲無常德句攝故。聲論不許有德句故。四無體自隨一。如聲論師對勝論立聲是其常德句攝故。五有體他一分隨一。如大乘師對聲論者。立聲無常佛五根取故。大乘佛等諸根互用。於自可成。於他一分四根不取。六有體自一分隨一。如聲論師對大乘者。立聲爲常說次前因。七無體他一分隨一。如勝論師對聲論者立聲無常德句所攝耳根取故。耳根取因兩皆許。轉德句攝因他一分不成。八無體自一分隨一。如聲論師對勝論者立聲爲常。說次前因。此中諸

他隨一全句。自比量中說自許言。諸自隨一全句。他比量中說他許言。一切無過。有簡別故。若諸全句無有簡別及一分句。一切爲過。如攝大乘論說。諸大乘經皆是佛說。一切不違補特伽羅無我理故。如增一等。此對他宗有隨一失。他宗不許大乘不違無我理故。說有常我爲眞理故。設許不違亦有不定。六足等論皆不違故。而爲不定。故有大名居士。聲德獨高。道頒五天。芳傳四主。時賢不敢斥其尊德。號曰抱蹉迦。此云食邑。學藝超羣。理當食邑。即勝軍論師也。四十餘年立一比量云。諸大乘

經皆佛說宗兩俱極成非諸佛語所不攝故因如增一等阿笈摩喻注在唯識決擇中兩俱極成非佛語所不攝者立敵共許非佛語所不攝則非外道及六足等教之所攝故時久流行無敢徵詰大師至彼而難之曰且發智論薩婆多師自許佛說亦餘小乘及大乘者兩俱極成非佛語所不攝豈汝大乘許佛說耶又誰許大乘兩俱極成非佛語所不攝是諸小乘及諸外道兩俱極成非佛語所攝唯大乘者許非彼攝因犯隨一若以發智亦入宗中違自教因犯一分兩俱不成因不在彼發智

宗故不以爲宗故有不定小乘爲不定言爲如自許發智兩俱極成非佛語所不攝故汝大乘教非佛語耶爲如增一等兩俱極成非佛語所不攝故汝大乘教並佛語耶若立宗爲如發智極成非佛語所不攝薩婆多等便違自宗自許是佛語故故爲不定言爲如自許發智極成非佛語所不攝彼大乘非佛語耶以不定中亦有自他及兩俱過今與大乘爲自不定故由此大師正彼因云自許極成非佛語所不攝故簡彼發智等非自許故便無茲失唯識亦言諸大乘經至教量攝樂大乘者許

能顯示無顚倒理契經攝故。如增一等。以諸因中皆應簡別。並如前說。

於霧等性起疑惑時。爲成大種和合火有而有所說猶預不成。

初四句顯宗。次一句因體。後一句結過。西方濕熱。地多蘩草。既足螽蝱。又豐煙霧。時有遠望。屢生疑惑。爲塵爲烟。爲蚊爲霧。由此論文於霧等性。火有二種。一者性火。如草木中極微火大。二者事火。炎熱騰燄煙照飛煙。其前性火。觸處可有。立乃相符。其後事火。有處非有。故今建立。凡諸事火。要有地

大爲質。爲依風飄動燄。水加流潤。故爲成大種和合火有。有彼火故。如有多人遠共望彼。或霧或塵。或烟或蚊。皆共疑惑。其間或立有事火宗。云彼所見烟等下。似有事火。而有所說者。謂立彼因。理門論云。以現烟故。喻如廚等。此因不但立者自惑不能成宗。亦令敵者於所成宗疑惑不定。夫立共因。成宗不共。欲令敵證決定智生。於宗共有疑。故言於霧等性起疑惑時。更說疑因不成宗。果決智不起。是故爲過。此有六句。一兩俱全分猶預。如論所說。於因宗內雖皆生疑。成宗不決。故但有因過。二

兩俱一分猶預如有立敵俱於近處見烟決定遠處霧等疑惑不定便立量云彼近遠處定有事火以有烟等故如廚等中近處一分見烟決定遠處一分俱說疑故三隨他一全分猶預如有立者從遠處來見定是烟敵者疑惑立初全分比量四隨自一全分猶預如有敵者從遠處來見烟決定立者疑惑立初全分比量五隨他一一分猶預如有立者於近遠處見烟決定敵者近定遠處有疑立第二一分比量六隨自一一分猶預如有敵者俱於近遠見煙決定立者近定遠處有疑立第二一

分比量能別所別總別猶預各有六句謂兩俱全分及一分隨他及自各全一分合成十八句如於角決定於牛有疑或於火決定於烟有疑或二俱疑故別於三事並生猶預不過六因故唯說六句問此宗此因俱有疑惑因名猶預宗何過耶答若所別定卽是能別猶預不成若能別定卽是所別猶預不成互生疑故互決定故若兩俱疑卽是兩俱俱不極成若隨一疑卽是隨一俱不極成前似宗中但說所依無體俱不極成義準亦有有體猶預俱不極成不生自他決定智故或此亦是自語

相違言似烟等云何可言定有事火定有事火云何可言彼似烟等或此亦是相符極成他本生疑符彼疑故獨法合法兩俱隨一全分一分言相違故順符彼故

虛空實有德所依故對無空論所依不成

初一句宗次一句因次一句敵後一句結如勝論師對經部立虛空實有宗德所依因凡法有法必須極成不更須成宗方可立況諸因者皆是有法宗之法性標空實有有法已不成更復說因因依於何立故對無空論因所依不成問勝論師說空

有六德數量別性合離與聲經部不許云何今說德所依故他隨一因答宗法舉略非顯唯有所依不成無他隨一既具二過體卽隨一所依不成問如前所說無爲無因今因既隨一無依隨一無有法何故說因無所依過答宗因不極須置簡言不簡立以爲宗所別便成不極說因依立卽成因過況俱不極無因更依不極有法許是宗過非因過耶雖說無爲無因不說兩皆無過豈以有爲有因宗因有俱非失如宗能別不成因成有法自相相違同喻亦有所立不成異喻亦有所立不遣何妨

宗有所別不成。因是所依不成之過。然今此過所依必無能依之因有無不定。由此總有二類差別。一兩俱所依不成有三。一有體全分。如薩婆多對大乘師立我常住識所緣故。所依我無能依因有。二無體全分。如數論師對佛弟子立我實有德所依故。三有體一分。如勝論師對大乘者立我業實。有動作故。此於業有。於我無故。二隨一所依不成有六。一有體他隨一。如數論師對佛弟子立自性有生死因故。二有體自隨一。如數論師對大乘者。立藏識常生死因故。三無體他隨一。理門論說或

於是處有法不成。如成立我其體周徧於一切處生樂等故。數論雖立大乘不許。亦如此論所說者是。四無體自隨一。如經部師立此論義五有體他一分隨一。如數論師對大乘者立五大常能生果故。四大生果二俱可成。空大生果大乘不許故。六有體自一分隨一。如大乘者對數論立五大非常能生果故。上來所說兩俱隨一二種不成所依唯有因通有無。然皆決定兩俱隨一無所以並得能依有無以爲諸句。猶預不成所依能依雖復皆有。因不決定故總爲句。不分有無。所依不成所依唯

無能依通有。但兩俱隨一所依不成爲句。故無他自無體隨一一分所依不成。若許自他少分。因於宗有。必非一分隨一所依不成。亦無猶預所依不成。後二不成。二種所依有無別故。二種能依疑定異故。所依若無。不猶預故。時或有釋。亦有猶預所依不成。疏既盛行。人多信學。依文誦習。未曾輒改。所依之法有法皆有。何名此過。請審詳之。問。依論但說四全不成。何須强作多種分別。答。論略示法。不必具陳。設文外加。亦何爽理。況有誠證。理門論中解不成已結云。如是所說一切品類所有言詞

皆非能立。若非如前種種差別。更說何法名爲品類。故應如前差別分別。問。諸兩俱不成。皆隨一不成耶。乃至諸猶預不成。皆所依不成耶。答。此四皆別。兩俱必非隨一。二一相違故。亦非猶預定疑相返故。亦非所依。兩俱所依有此所依無故。隨一不成亦非餘二。定疑異故。二種所依有無異故。猶預不成亦非後一。疑決異故。此依陳那四不成說。若依古師外道因明。不成唯二。但立兩俱及隨一過。依彼所說兩俱隨一。因通疑定。所依通無。然彼兩俱不成。全分一分。若疑若定。合有九句。隨一不成。

若自若他全分一分若疑若定合十八句由四不成一切合有二十七故陳那以前唯二大略差別難知所以開之故今四因體性無亂因三相中初徧宗法總成三句一宗法而非徧四不成中皆一分攝合攝十二句非徧非宗法四不成中皆是全分合攝十五句如前已說然上但說因於宗不成理理實此因於同異喻隨應亦有四種不成故理門論解不成已云於其同品有非有等亦隨所應當如是說至下當知然名不定及名相違不名不成問因於宗無喻於二無與名不成何故宗於因

喻上無因於二喻無不名不成答成他名成翻名不成因本成宗而非二喻喻成宗因非宗成二本成事別故翻名不成異此不然非名不成問若爾因過皆欲成宗何故但一名爲不成答因雖三相唯初一相正親成宗翻名不成餘皆宗具合二建宗成宗義疏故翻但名不定相違各隨義親以得其稱皆準此知

不定有六一共二不共三同品一分轉異品徧轉四異品一分轉同品徧轉五俱品一分轉六相違決定

下第二釋不定有三初標次列後釋此初二也因

三相中。後二相過。於所成宗及宗相違二品之中。不定成故。名爲不定。若立一因。於同異品皆有名共。皆無名不共。同分異全是第三。同全異分是第四。同異俱分是第五。若二別因。三相雖具。各自決定。成相違宗。令敵證智。不隨一定。名相違決定。初五過中唯第二過。是因三相第二相失。於宗同品非定有故。餘四皆是第三相失。謂於異品非偏無故。後一並非。至下當知。

此中共者。如言聲常所量性故。常無常品皆共此因。是故不定。

下別顯六。初共有三。一標名舉宗因。二釋不定義。三指不定相。此初二也。如聲論者對佛法者。立聲常宗。心心所法所量度性爲因。空等常法爲同品。瓶等無常爲異品故。釋共義。同異品中此因皆偏。二共有故。名爲不定。

爲如瓶等所量性故。聲是無常。爲如空等所量性故。聲是其常。

指不定相。狹因能立通成寬狹兩宗。故雖同品而言定有。非偏。寬因能立唯成寬宗。今既以寬成狹。由此因便成共。共因不得成不共法。若有簡略。則

便無失故理門云諸有皆共無簡別因此唯於彼
俱不相違是疑因性此說共不定諸有立因於同
異品皆共有性無有簡別如聲常宗所量性因二
品皆有然宗有二一寬二狹如立聲無我名寬聲
外一切皆無我故立聲無常爲狹除聲以外有常
法故因品亦二所量所知所取等名寬無有一法
非所量等故勤勇所作性等名狹更有餘法非勤
勇發非所作故若立其狹常無常宗說前寬因同
異二品因皆徧轉故成不定若望寬宗其義可立
唯說狹因可成狹宗亦可成寬異品無故可成正

因如聲論師對勝論立聲常爲宗耳心心所所量
性故猶如聲性有此簡略即便無失故此與不共
二不定差別彼於一切品皆都無故然諸比量略
有三種一他二自三共他比量中略有三共自比
共比各三亦然合有九共今此舉三恐文繁故下
皆準知一他共二自共三共共如以佛法破數論
云汝我無常許諦攝故如許大等此他比量無常
之宗二十三諦爲同品以自性爲異品許諦攝因
於同異品皆悉徧有故是他共若不爾者宗同喻
等皆有違於自敎等失數論計我我是常許諦攝

故。如許自性。此自比量立我常宗。自性為同。大等為異。許諦攝因。二皆徧轉。故是自共。如論所說。即是共其也。

言不共者。如說聲常。所聞性故。常無常品。皆離此因。常無常外。餘非有故。是猶預因。

第二不共有三。一標名舉宗因。二釋不定義。三指不定相。此初二也。如聲論師。對除勝論。立聲常宗。耳所聞性為因。此中常宗。空等為同品。電等為異品。所聞性因。二品皆離。於同異品。皆非有故。離常無常。更無第三。雙非二品。有所聞性。故釋不共云。離常無常二品之外。更無餘法。是所聞性。故成猶預。不成所立常。亦不返成異品無常。故其勝論師亦立有聲性。謂同異性等。並所聞性。若對彼宗。非無同喻。故除勝論。對立成過。

此所聞性。其猶何等。

指不定相。猶者如也。夫立論宗。因喻能立。舉因無喻。因何所成。其如何等。可舉方比。因既無方。明因不定。不能生他決定智故。問。舉因能立。立未成宗。無喻順成。其宗不立。宗既順先不立。此因應非不定。答。因闕同喻。宗義無能可成。亦不返成異宗。由

此名爲不定非是定能成一宗義故不與其定名
理門難云理應四種名不定因二俱有故所聞云
何古因明師不許四外有此不共故今難云以理
言之除決定相違餘四不定於同異品若徧不徧
皆悉俱有可成異類法故可名不定今所聞性因
不可屬異類無更所成如何不定比量難云所聞
性因非不定攝宗異品無故因如二八因喻又所
聞因非不定攝宗同品無故因如四六因喻彼論
釋云由不共故謂如山野多有草木雖無的屬若
有取之卽可屬彼亦是不定此因亦爾同異二品

雖皆不共無定所屬望所成立宗法同異可有通
於隨成一義故名不定彼釋此不共義云以若不
共所成立法所有差別徧攝一切皆是疑因謂若
不共所聞性因凡所成立常無常等法所有一切
差別之義徧攝一切佛法外道等宗於彼宗中隨
所立宗此不定因皆是疑因如佛法立若法處攝
若聲處攝若有漏攝若無漏攝此等諸聲皆無常
等爲宗數論立聲若是實有若是自性等爲宗勝
論立聲若德句攝若非德句攝離繫親子立二句
法有命無命有動增長名爲有命無命不動不增長名

爲無命聲。是無命。我是有命等。如是一切所立聲宗。所聞性因。偏於彼彼宗。皆二品無。並不能令宗性決定。故是疑因。彼重釋言。唯彼有性彼所攝故。一向離故。此意解云。所聞性因唯彼有性有法之聲。彼所攝屬。不唯爲同品所攝。亦不唯異品所攝屬故。是故不定。或所聞性名爲有性。彼所聞性唯彼有性聲所攝故。二品皆無。由此名不定。上爲釋難。未破前量。彼破前云。一向離故。向者面也。邊也。相也。卽因三相。亦名三向三面三邊。此所聞性唯闕一相。謂同品定有。由此宗法決定相違。前有諸師

立理門論破比量云。所聞性因是不定因。宗也。闕一相故。猶如共等四種不定。喻也。此四皆闕異品偏無之一相故。若作此解有不定過。非決定相違。彼不共因爲如共等。闕一相故。是不定攝。爲如隨一不成。闕一相故。非不定攝。如對聲顯立聲無常。所作性故。如瓶盆等。此因但闕初之一相。非不定攝。如何乃以闕一相因爲相違量。應與初量作不定過。此不共因。爲如二八異品無故。非不定攝。爲如三九異品無故。是不定因。與前第二作不定云。此不共因。爲如四六同品無故。非不定因。爲如七

九同品無故是不定因前因總言同異品有無不
爲簡別故有不定由此彼因應言異品徧無故同
品徧無故既遮不定便無彼失此不共因不唯闕
初相非不成攝不返成異宗非相違攝前既唯闕
無第三相名共不定今唯闕無第二相故名不共
不定不順不違成其宗故今作決定相違量解理
門云所聞性因不定因攝宗同異相中隨離一故
如其因等因簡初相故無前失理門復云若對許
有聲性是常此應成因此中問意如聲論師對勝
論立所聞性因如聲性常應成正因彼自答云若

於爾時無有顯示所作性等是無常因容有此義
然俱可得一義相違不容有故是猶預因此意答
言若勝論師於立論時愚鈍無智不與聲論立所
作因成聲無常彼可正因若對俱時立無常宗所
作因等一義相違不容有故是猶預因此亦有三
如佛弟子對勝論立他比量云彼實非實執德依
故非實之宗彼德句等以爲同品雖無異體許德
依因於同異品皆非有故名他不共若勝論立我
實有許德依故於同異品二皆非有名自不共如
論所陳名共不共

同品一分轉異品徧轉者。如說聲非勤勇無間所發。無常性故。

下第三釋同分異全文亦有三。此初標名舉宗因。若聲生論本無今生是所作性非勤勇顯。若聲顯論本有今顯勤勇顯發非所作性故今聲生對聲顯宗聲非勤勇無間所發無常性因。此因雖是兩俱全分兩俱不成今取不定亦無有過。

此中非勤勇無間所發宗以電空等爲其同品。此無常性於電等有於空等無。

自下第二顯不定義有三。初顯同分亦顯異全後結不定。此初也。非勤勇宗電光等并虛空等皆是同品。並非勤勵勇銳無間所發顯故。無常之因電有空無故是同品一分轉也。

非勤勇無間所發宗以瓶等爲異品於彼徧有。

此顯異全。瓶是勤勵勇銳無間因四塵泥所顯發故。無常之因於彼偏有。

此因以電瓶等爲同品故亦是不定。

此結不定若宗同品電空爲同俱非勤勇所顯發故若因同法電瓶爲同俱無常故此因雖於宗同品空上無雙於宗同異二品電瓶上有不唯定成

一宗故亦不定亦前二也。

爲如瓶等無常性故彼是勤勇無間所發爲如電等無常性故彼非勤勇無間所發。

第三指不定相彰無常因能成前聲或是勤勇或非勤勇何非不定此亦有三如小乘等對大乘立他比量云汝之藏識非異熟識執識性故如彼第七等此非異熟識宗以除異熟六識外餘一切法而爲同品執識性因於第七等有於色聲等無異熟六識而爲異品執識性因於彼偏有故是他同分異全如薩婆多對大乘立自比量云我之命根

定是實有許無緣慮故如許色聲等此實有宗以餘五蘊無爲等爲同品無緣慮因於色等有於識等無以瓶盆等而爲異品無緣慮因於彼偏有故是自同分異全如論所陳卽是共同分異全。

異品一分轉同品徧轉者如立宗言聲是勤勇無間所發無常性故。

下第四釋異分同全有二此初標名舉宗因謂聲顯論對聲生立是勤勇無間所發宗無常性因。勤勇無間所發宗以瓶等爲同品其無常性於此偏有。

下顯不定義有三。此顯同全二一切轉故。

以電空等爲異品。於彼一分電等是有空等是無。

此顯異分半有轉故。

是故如前亦爲不定。

此結不定是因不但能成於聲如瓶盆等是勤勇發。亦能成聲如電光等非勤勇發。是故如前成二品故亦爲不定。此亦有三。如大乘師對薩婆多立他比量云。汝執命根定非實有許無緣慮故。如所許瓶等非實有宗。以瓶等爲同品。無緣慮因於彼徧有。以餘五蘊無爲爲異品。無緣慮因於彼一分

色等上有。心心所無故是他異分同全。大乘若云。我之藏識是異熟識許識性故。如異熟六識異熟識宗。以異熟六識爲同品。許識性因於此徧有。以除異熟六識餘一切法而爲異品。許識性因於彼一分非業果心有。於彼一分色等上無故是自異分同全。如前所說勝軍論師成立大乘眞是佛語兩俱極成非佛語所不攝故。如增一等亦是此過。此中佛語宗以增一等而爲同品大小乘兩俱極成非佛語所不攝因於此徧有。以發智六足等而爲異品兩俱極成非佛語所不攝因於發智有。

於六足無以發智論等小乘自許亦是佛語。大乘不許。亦汝大乘及餘小乘兩俱極成非佛語所不攝故因旣於彼有亦此因過攝。如論所陳卽是共異分同全。

俱品一分轉者。如說聲常無質等故。

第五俱分有二。此初標名舉宗因。聲勝二論皆說聲無質礙。無質礙故。空大爲耳根亦無質礙。今聲論對勝論立聲常宗無質礙因。

此中常宗以虛空極微等爲同品。無質礙性於虛空等有於極微等無。

下顯不定亦三。此顯同分二宗俱說地水火風極微常住。麤者無常。劫初成體非生劫後壞體非滅。二十空劫散居處處後劫成位兩合生果如是展轉乃至大地所生皆合一。能生皆離多廣如二十唯識疏中解此空言等等彼時等極微言等等取彼意等如極微亦有礙故故此常宗虛空極微爲同喻無質礙因於空等有極微等無故是同分。

以瓶樂等爲異品於樂等有於瓶等無。

此顯異分幷前合顯俱一分轉彼二宗中皆說覺樂欲瞋等爲心心所此二非常爲常異品無質礙

因於樂等中有於瓶等上無故是異分。是故此因以樂以空爲同法故亦名不定。

結不定無質礙因空爲同品能成聲常樂爲同品能成無常由成二品是故如前亦爲不定理門論云若於其中俱分是有亦是定因簡別餘故是名差別謂此第五俱分之因於同異品皆悉分有是不定因由有相違及正因故此所說因不於一分異品轉故是定因攝如立聲常宗無質礙故因諸無質礙皆悉是常猶如虛空爲同喻若是無常卽有質礙猶如瓶等爲異喻空爲同品無質礙因有瓶爲異品無質礙因無故是其正因若望樂等心心所法異品有故卽是相違謂聲無常無質礙故如心心所謂若是常見有質礙猶如極微今此不定因望異品一分無邊可是決定若望異品一分有邊卽成相違故是猶預或於其中俱分有者非唯此一第一第三四五皆名俱分並有此義同品異品名爲俱分非俱一分名爲俱分若作後解攝不定盡前不共因無有定義宜簡別自餘不定因故是名不定與餘差別次上二因唯有二段無第三段指不定相同前第三易故不說此亦有三如

大乘師對薩婆多立他比量云。汝之命根非是異熟。以許非識故。如許電等。此非異熟宗。以非業果五蘊無爲而爲同品。許非識因於電等有。於心等無。以業果五蘊而爲異品。許非識因於心等無。於眼等有。故是他俱品一分轉。小乘返立。卽自俱品一分轉。如論所陳。卽是共俱品一分轉。

相違決定者。

第六相違決定有三。此初標名。具三相因各自決定。成相違之宗。名相違決定。相違之決定。決定令相違第三第六兩轉俱是依主釋也。有比量云。此之二因非是過因。三相具故。如二八因。或二八因應非正因。具三相故。如此二因。應爲彼立相違量云。此之二因不定因攝。令敵證者生疑智故。如五不定。或此二因非正因攝。不令敵證生定智故。如餘過因。若二八因許非正因。便無正量違教世間種種過失。故知彼是正因所攝。此二乃是不定所收。二八句因正因所攝。生敵證者決定智故。如餘正因。

如立宗言聲是無常。所作性故。譬如瓶等。

下第二顯宗因有二。此乃勝論對聲生論。義如前說。若對聲顯隨一不成。

有立聲常。所聞性故。譬如聲性。

此乃聲生對勝論立。若對餘宗說所聞性。是前所說不共不定。勝論聲性。謂同異性。實德業三。各別性故。本有而常。大有共有。非各別性。不名聲性。聲生說聲總有三類。一者響音。雖耳所聞。不能詮表。如近坑語別有響聲。二者聲性。一一能詮。各有性類。離能詮外。別有本常。不緣不覺。新生緣具。方始可聞。不同勝論。三者能詮。離前二有。響及此二。皆新生。響不能詮。今此新生聲是常住。以本有聲性爲同品。兩宗雖異。並有聲性。可聞且常住。故總爲同喻。不應分別。何者聲性。如立無常所作性因。缾爲同品。豈應分別。何者所作。何者無常。若繩輪所作。打破無常。聲無缾有。若尋伺所作。緣息無常。聲有缾無。若爾。一切皆無因喻。故知因喻之法。皆不應分別。由此聲生立量無過。若分別者。便成過類分別相似。

此二皆是猶預因故。俱名不定。

第三結成不定也。二因皆不能令他敵證生決定一智。故如前五。俱是不定。理門論頌。結四相違及

不定云。觀宗法審察若所樂違害成躊躇顛倒異
此無似因。由觀察宗法。令審察者智成躊躇。名不
定因。二因雖皆具足三相。令他不定。與不定名。論
說此二俱不定攝。故不應分別前後是非。凡如此
二因。二皆不定。故古有斷云。如殺遲碁後下爲勝。
若爾。聲强勝論應負。然理門論。傍斷聲勝。二論義
云。又於此中現敎力勝。故應依此思求決定。彼說
此因二皆不定。然斷聲論先立聲常。所聞性因。勝
論後說所作性因。云聲無常。可如殺遲碁先下負
後勝。今此與彼前後相違。故不應爾。又彼外難所

聞性因。若對有聲性。應爲正因。論主非之。令依現
敎。現謂世間見聲聞斷。有時不聞。衆緣力起。敎。謂
佛敎說聲無常。佛於說敎最爲勝。故由此二義。勝
論義勝。又釋迦佛現證諸法。見聲無常。依現說敎。
敎說無常。故勝論先。不應依於外道常敎。又諸外
道不許佛勝者。應依世間現有至實可信之說。聲
逢緣有暫有還無。世間可信者所共說敎。故勝論
先聲論墮負。彼且斷於聲勝二義。聲負勝先。非諸
決定相違皆先負後勝。若爾便決定。云何名不定。
由此論主恐謂一切決定相違皆後爲勝。故結之

云二俱不定此亦有三如大乘破薩婆多云汝無表色定非實色許無對故如心心所彼立量云我無對色定是實色許色性故如許色聲等此他比量相違決定初是他比後必自比若立自比對必他比名自比量相違決定無二自他若二自他俱眞立破非似立故如大乘立破前無表比量小乘對云大乘無表定有實色許非極微等是無對色故如許定果色此非相違決定俱眞能立眞能破故由此立敵共申一有法諍此法等方是此故若先立自義後他方破卽是自比相違決定如論所說有共相違決定之過是名爲三問若共不定亦不共耶乃至復俱品一分轉亦相違決定耶答此六過體行相別故皆各相違體相無雜無二同體況多合耶問此六過因於九句因各是何過答此初其因是彼初句此第二不共是彼第五句此第三是彼第七句此論第四是彼第三句此第五是彼第九句此第六過彼因所無此相無關彼有關也問相違決定與比量相違有何差別答彼宗違因此因違宗彼寬此狹二類別故由此說諸相違決定皆比量相違有比量相違非相違決定但宗

違因無二因故問相違決定違法自相亦有法差別有法自相有法差別耶答有若不改前因違宗四種是後相違過若改前因違宗四種皆相違決定若共比量如勝論師對聲論立聲無常已聲論若言聲應非聲許德攝故如色香等而爲有法自相相違決定者決定彼違自宗若云無常之聲應非無常之聲所作性故如瓶以爲有法自相相違決定此非過攝雙牒法有法爲法宗於諸過中無此相故其無常言根本所諍法之自相非有法上意許差別不可說爲有法差別是故此量非過所

攝若許爲過卽一切量無眞量者皆有此故但是過類分別相似由是因明總無此過如勝論師立自比量云所說有性非四大種許除四大體非無故如色聲等以除四大及有性外並爲同喩無自不定他便作有法自相相違難言汝有性非有性非四大故如色聲等是名有法自相相違決定卽以此因復作有法差別相違云汝之有性應不能作有有緣性許非四大故如色聲等彼意說有能作有性之有能緣性故作有有緣性非有有緣性是意所許有性有法之差別也其非四大種是法

自相能有四大非四大種不能有四大非四大種是法差別復作法差別相違決定云汝之有性非能有四大非四大種許非無故如色聲等彼說色等雖非四大種不能有四大然說有性能有四大非四大種故成法差別相違決定今論但說言之所陳違宗能別本所諍因名相違決定其有法自相雖言所陳非宗相返本所諍法二種差別意之所許雖意所諍非言所陳此三決定相違之因皆略不說以此準前比量相違亦有四種論中亦但說法自相比量問此諸不定有分有全耶答無理

窮盡故如前所說五十四種不定之中自共比中諸自不定及共不定是不定過自共有過非眞能立何名破他他比量中若他不定及共不定亦不定過立他違他及共有過既非能破何成能立自比量中諸他不定他比量中諸自不定皆非過攝立義本欲違害他故諸立自非他不定非立他非自自不定非隨其所應皆如理悉此論且依兩俱不定過說立敵俱許因於二喻共不共等說爲過故二喻雖共若因隨一因疑之喻同喻無體隨應即是隨一猶預所依不成不定過攝五十四種

諸不定過既各有四卽成二百一十六種不定過攝若四不成有體無體全分一分自他共許合二十七皆準前說其二十七過五十四諸不定過一一皆有總成一千四百五十八種諸不定過理門既云四種不成於其同品有非有等亦隨所應當如是說故知道理決定如是然理門論攝此頌云

若法是不共其決定相違徧一切於彼皆是疑因性共定攝四不定之因同異品中隨其所應若全若分皆共有故不共相違各唯攝一此六不定徧一切宗於彼諸法皆是疑因不獨於上所說宗中名不定也

因明入正理論疏卷六

因明入正理論疏卷七

唐京兆大慈恩寺沙門窺基撰

相違有四。謂法自相相違因。法差別相違因。有法自相相違因。有法差別相違因等。

下第三解相違有三。初標。次列。後釋。此初二也。相違因義者。謂兩宗相返。此之四過。不改他因。能令立者宗成相違。與相違法而爲因故。名相違因。因得果名。名相違也。非因違宗名爲相違。故無宗亦違因。例而成難。理門論云。若法能成相違所立。是相違過。卽名似因。如無違法相違亦爾。所成法無。

定無有故。由彼說故。因仍舊定。喩可改依。故下四過。初一改喩。後三依舊。問。有因返宗。不順因義。因名相違。宗亦返因。不順宗義。應名相違。答。由因成宗。令宗相返。因名相違。非宗成因。令因相返。不名相違。又因名法自相相違。宗名比量相違。因別疏條。相違開四。宗違合說。唯名比量相違。以宗準因。故知亦有法之差別。有法自相。有法差別比量相違。不爾。何故但說有法自相比量相違。其相違決定。及相違因。各四種耶。此宗說法略有二種。一自性。二差別。此有三重。一者局通。對法等言所成立自性者謂我自性法自性若有若無所成立故各別性故差別者謂我差別法差別若一切徧若非一切徧若常若無常若有色若無色如是等無量差別隨其所應空等徧有色等非徧前局後通故二差別二者先後於總聚中言先陳者名爲自性言後說者名爲差別以後所陳分別前故佛地論云彼因明論自相共相與此有異彼說諸法各別局附自性名爲自相貫通他上如縷貫華名爲共相故依於此聲等局體名爲自性無常貫他名爲差別得名不定若立五蘊一切無我五蘊名爲自相我無我等名爲差別若說我是思思爲差別我爲自性是故不定以理推之此雖即前然教少異義亦別故分爲二門三者言許中所陳前局及後通俱名自性故法有法皆有自性自意所許別義所可成立名爲差別故法有法皆有差別非取一切義如前說今說有因令此四種宗之所立返成相違故名法自相相違因等論說等言者義顯別因所乖返宗不過此四故論但說有四相違能乖返因有十五類違一有四謂各別違違二有六謂違初二違初三違初四違二三違二四違三四

違三有四。謂互除一。違四有一。故成十五。論中但顯初二別違一因。後二共違二因。舉此三種等餘十二。故說等言。

此中法自相相違因者。如說聲常所作性故。或勤勇無間所發性故。

下別釋四。初文有三。初標牒名。次顯宗因。後成違義。此初二也。問。相違有四。何故初說法自相因。答。正所諍故。上比量相違決定。皆唯說彼法自相故。從彼初說。此有二師。如聲生論。立聲常宗。所作性因。聲顯論立勤勇無間所發性因。

此因唯於異品中有。是故相違。

此成違義。由初常宗。空等爲同品。瓶等爲異品。所作性因。同品徧非有。異品徧有。九句因中。第四句也。應爲相違量云。聲是無常。所作性故。譬如瓶等。由第二宗。空爲同品。以電瓶等而爲異品。勤勇發故因。於同品徧無。於異品電無瓶等上有。九句因中。第六句也。此之二因。返成無常。違宗所陳法自相故。名相違因。故理門云。於同有及二。在異無是因。返此名相違。所餘皆不定。此所作性因。翻九句中第二正因。彼同品有異品非有。此同非有異品有故。此勤勇因。翻九句中第八正因。彼同品有非有異品非有。此同非有異品有非有。故上已數論。略不繁述。此一似因。因仍用舊。喻改先立。後之三因。因喻皆舊。由是四因。因必仍舊。喻任改同。若不爾者。必無法自相與餘隨一合。可成違二因。許初改喻。後三不改故。又九因中第四第六名相違因。要同非有。異有或俱。若隨所言。後三相違。直觀立者因於同有。如何復難成相違耶。理門但言若法能成相違所立。是相違過。即名似因。不說同喻亦仍用舊。此論示法。初一改喻。後三依舊。欲令學者

知因決定非喻過故。下之三因。觀立雖成。反爲相違。一一窮究。皆亦唯是同無異有。成相違故。至下當知。問。如聲論言。汝聲無常應非是聲。無常所作性故。如瓶盆等。第二正因。豈非有法自相相違。答。彼非過收。如立聲無常。無常爲法自相。若所立因。返成聲常。可是此過。今者雙牒有法及法爲法。有法。故非此過。此乃但是分別相似過類。因犯兩俱不成。所作性因。立敵不許依無常故。生滅異故。設彼許依。亦犯隨一。又無常無能依所作性。亦犯所依不成過故。設有難言。汝聲無常應非是聲無常。

許無常故。如瓶無常。此亦非過。諸似立無此過相
故。聲有無常是根本諍。聲是有法。非是法上意所
許義。不可說爲法差別過。亦非相違決定所收。非
根本諍故。設許上說皆爲過者。卽一切量無正因
者。故於似立。不見其過。皆是似破。至下當知。

法差別相違因者。如說眼等必爲他用。積聚性故。如
臥具等。

準前亦三。此初二也。凡二差別名相違者。非法有
法上除言所陳。餘一切義皆是差別。要是兩宗各
各隨應因所成立。意之所許所諍別義方名差別。

因令相違名相違因。若不爾者。如立聲無常宗。聲
之上可聞不可聞等義。無常之上作彼緣性非彼
緣性等。如是一切皆謂相違因令相違名爲彼因。
若爾。便無相違因義。比量相違等皆準此釋。此中
義說。若數論外道對佛弟子意欲成立我爲受者
受用眼等。若我爲有法受用眼等便有宗中所別
不成。積聚性因兩俱不成。如臥具喻所立不成。若
言眼等必爲我用。能別不成。闕無同喻。積聚性因。
違法自相。臥具喻有所立不成。若成眼等爲假他
用。相符極成。由此方便矯立宗云。眼等必爲他用。

眼等有法指事顯陳爲他用法方便顯示意立必爲法之差別不積聚他實我受用若顯立云不積聚他用能別不成所立亦不成亦闕無同喻因違法自相故須方便立積聚性因積多極微成眼等故如臥具喻其牀座等是積聚性彼此俱許爲他受用故得爲同喻因喻之法不應分別故總建立此因如能成立眼等必爲他用如是亦能成立所立法差別相違積聚他用

此成違義有二初擧所違法差別因後釋所由此初也初文又二此因如能成立眼等必爲他用此

牒前因能立所立法之自相如是亦能下文顯此因能與彼法差別爲相違因其數論師眼等五法卽五知根臥具牀座卽五唯量所集成法不積聚他謂實神我體常本有其積聚他卽依眼等所立假我無常轉變然眼等根不積聚他實我用勝親用於此受五唯量故由依眼等方立假我故積聚我用眼等劣其臥具等必其神我須思量受用故從大等次第成之若以所思實我用勝假我用劣然以假我安處所須方受牀座故於臥具假他用勝實我用劣今者陳那卽以彼因與所立法勝劣

差別而作相違。非法自相亦非法上一切差別。皆作相違。故論但言與所立法差別相違。先牒前因能成所立法自相云。此前所說積聚性因。如能成立數論所立眼等有法。必爲他用法之自相。卽指此因。如是亦能成立所立宗法自相意許差別相違之義積聚他用。宗由他用。是法自相。此自相上意之所許積聚他用。不積聚他用。是法差別。彼積聚因今更不改。還卽以彼成立意許法之差別積聚他用。其臥具等積聚性故。旣爲積聚假我用勝。眼等亦是積聚性故。應如臥具亦爲積聚假我用勝。若不作此勝用難者。其宗卽有相符極成。他宗眼等亦許積聚假他用故。但可難言假他用勝。不得難言實我用劣。違自宗故。其比量中無同喻故。若他比量一切無遮。西域諸師有不善者。此直申差別相違過云。眼等應爲積聚他用。因喻同前。數論難云。汝宗相符。誰說眼等積聚他不用。西域又釋。數論眼等唯爲不積聚他用。牀座通二他用。故今以臥具例令眼等亦爲積聚他用。無相符失。數論難云。陳那弟子。非善我宗。神我受用三德所成二十三諦。豈於眼等無能受用。唯識亦云。執我是思受用薩埵剌闍答摩所成大等二十三法。由此眼等實我亦用。故但應如前所分別。不應於中生異覺。云。眼等唯爲實他受用。臥具假用。或眼等通二。臥具唯假用。勝義七十對金七十。亦徵彼云。必爲他用。是何他也。若說積聚他。犯相符過。若不積聚他。能別不成。闕無同喻。臥具爲喻。所立不成。亦卽此中法差別過。問。於因三相。是何過耶。答。彼立因意。成非積聚他用勝。其積聚他用勝。卽是異品。宗無同喻。佛法都無不積他故。積聚性因。於異品有。此顯還是九句之中異有同無。故成相違。闕第二相同品定有。亦闕第三異品徧無。

諸臥具等。爲積聚他所受用故。

此釋所由。成比量云。眼等必爲積聚他用。勝積聚性故。如臥具等。諸非積聚他用勝者。必非積聚性。如龜毛等。故今難云。諸臥具等兩宗共許爲積聚他受用勝。故論雖無勝字。量義意必然。不須異求。應作此解。

有法自相相違因者。如說有性非實非德非業。有一實故。有德業故。如同異性。

準前作三。此卽初二。標名舉宗因鵂鶹因緣如前

已說時彼仙人既悟所證六句義法謂證菩提便
欣入滅但嗟所悟未有傳人傳者必須具七德故
一生中國二上種姓三有寂滅因四身相圓滿五
聰明辯捷六性行柔和七具大悲心經無量時伺
無具者後經多劫婆羅痆斯國有婆羅門名摩納
縛迦此云儒童儒童有子名般遮尸棄此云五頂
頂髮五旋頭有五角七德雖具根熟稍遲爲染妻
孥卒難化導經無量歲伺其根熟後三千歲戲遊
園苑共妻競華因相忿恨鵂鶹引通化五頂不從
又三千歲化復不得更三千歲兩競尤甚相厭既

切仰念空仙仙人應時神力化引騰空迎往所住
山中徐說先悟六句義法說實德業彼皆信之至
大有句彼便生慼仙言有者能有實等離實德業
三外別有體常是一弟子不從云實德業性不無
卽是能有豈離三外別有能有仙人便說同異句
義能同異彼實德業三此三之上各各有一總同
異性隨應各各有別同異如是三中隨其別類復
有總別諸同異性體常衆多復有一常能和合性
和合實德業令不相離互相屬著五頂雖信同異
和合然猶不信別有大有鵂鶹便立論所陳量此

量有三實德業三各別作故。今指彼論故言如說。有性有法非實者法合名爲宗。此言有性仙人五頂兩所共許實德業上能非無性故成所別。若說大有所別不成因犯隨一。此之有性體非卽實因云有一實故。勝論六句束爲四類。一者無實二者有一實。三者有二實。四者有多實。地水火風父母常極微空時方我意幷德業和合皆名無實。四本極微體性雖多。空時等五體各唯一。皆無實因德業和合雖依於實。和合於實非以爲因。故此等類並名無實。大有同異名有一實。俱能有於一一實

故。至劫成初兩常極微合生第三子微雖體無常。量德合故。不越因量名有二實。自類衆多各各有彼因二極微之所生故。自此已後初三三合生第七子。七七合生第十五子。如是展轉生一大地皆名有多實。有多實因之所生故。大有同異能有諸實。亦得名爲有無實有二實有多實。然此三種實等雖有功能各別皆有大有令體非無皆有同異令三類別名有一實有德業者亦有無有非大有也。若是大有因成隨一。同異非喻能立不成。如佛法言有色有漏有漏之有能有之法能有所有煩

惱漏體。猶如大有能有實等。有色之言。如有一實及有德等。無別能有而有於色。此色體上有其色義。如空有聲。非空之外別有能有。但是屬著法體之言。是故於因無隨一過。有一一實故。更不須微卽實離實之有一實。況復此因。不應分別。應分別者。便無同喻。問。何故不言有於無實二實多實。答。若言有於二實多實。云何得以非實爲宗。其因便有不定之失。爲如同異有二多實故。彼有性非實。爲如子微等有二多實故。有性是實。由此不言有二多實。若言有無實者。和合句義亦名無實。若有彼無實。犯兩俱不成。實等能有上無有無實故。其喻亦犯能立不成。因亦不成。不徧乍似唯能有於實句之無實故。亦欲顯九實一一皆有。故云一一實能有一一實故。問。有性有法。有一實因。不相關預。云何不是兩俱不成。答。有性有法。是實德業之能有性。有一實因。能有於一一實。故是宗之法。故無兩俱。此非實句爲一宗。已非德非業後二宗法有法同前。此二因云有德業故。謂有彼德之與業。如言有色。亦屬著義。問。既於德業一一皆有。云何不言有一德業。答。實有多類。不言有一。但言有實。卽犯不定謂子微等皆有實故。德業無簡不須一言。三因一喻。如同異性。此於前三一一皆有亦如有性。是故爲喻。喻。仙人既陳三比量已。五頂便信。法既有傳仙便入滅。勝論宗義由此悉行。陳那菩薩爲因明之準的。作立破之權衡。重述彼宗。載申過難。故今先敘彼比量也。

此因如能成遮實等。如是亦能成遮有性俱決定故。

此成違義有二。初二句牒彼先立因遮有非實。謂有一實有德業因。如前所說能成有性遮是實等。等德及業。後三句顯此因亦能令彼有法自相相違。謂指於前如是此因亦能成立遮彼有性而非有性。謂前宗言有性非實有性是前有法自相。今立量云。所言有性應非有性。有一實故有德業故。如同異性。同異能有於一實等同異非有性。有性能有於一實等有性非有性。釋所由云。此因既能遮有性非實等。亦能遮有性非是大有性。兩俱決定故。問。今難有性應非有性。如何不犯自語相違。答。若前未立有性非實。今難實等能有非有。此言乃犯自語相違。亦違自教。彼先已成非實之有。今卽難彼。破他違他。非成諸過。問。於因三相是何過耶。答。彼立宗言有性非實有性言是有法自相彼說離實有體。能有實之大有。其同異性。雖離實等有體能有。而非大有。雖因同法。便是所立宗之異品。離實大有。雖無同品。有一實因。同品非有。於其異品同異之上徧皆隨轉。此亦是因後二品過。於同品無異品有故。問。若爾。立聲爲無常宗。聲體可聞。瓶有燒見。其瓶與聲。應成異品。若許爲異。不但違論。亦一切宗皆無同品。答。豈不已說其聲之體非所諍故。聲上無常是所成立。瓶既同有。故是同品。彼說離實有體有性爲宗。有法。以有一實因所

成立。同異既非離實有體之有性。故成於異品。問。前論說云。與所立法均等義品。說名同品。但言所立法均等有名之爲同。不說有法均等名同品。如何說有有法自相相違耶。答。今若但以有性與同異爲同品。可如所責。違前論文。既以離實有性而爲同品。亦是宗中所立法均等有。故即此過無違論理。問。有性既爲有法自相。離實有性是其差別。有一實因。便是有法差別之因。如何今說爲自相過。答。彼宗意許離實有性。實是差別。言陳有性。既是自相。今非此言陳。即是違自相。故自相過。非差

別因若不爾者極成所別皆無此過違自宗故問。
若難離實之大有性所別所依犯自不成亦犯違宗隨一不成若難不離實等大有而非有性既犯相符亦違自敎彼豈非有答彼先總說今亦總難。彼既成立離實之有故今難有令非此有言同意別故無諸過。

有法差別相違因者如卽此因卽於前宗有法差別作有緣性。

下文亦三此卽初二標名舉宗因此言意說彼勝論立大有句義有實德業實德業三和合之時同

起詮言詮三爲有同起緣智緣三爲有實德業三。爲因能起有詮緣因卽是大有大有能有實德業故十句論說同句義云何謂有性何等爲有性謂與一切實德業句義和合一切根所取於實德業有詮智因是名有性智謂能緣彼下又說如是有性定非所作常無德無動作無細分亦爾有實德業除同有能無能俱分異所和合一有同詮緣因彼鵂鶹仙以五頂不信離實德業別有有故卽以前因成立前宗言陳有性有法自相意許差別爲有緣性有性同異有緣性同詮言各別故彼不取。

心心所法是能緣性。有緣謂境。有能緣故。謂境有體爲因能起有緣之性。若無體者。心如何生。以無因故。緣無不生。如同異性。有一實故。作有緣性。體非實等。有性有一實。亦作有緣性故知體亦非實德業。此言有者。有無之有。作境因有能緣性故。非大有也。若作大有緣性。能別不成。闕無同喻。同異爲喻。所立不成。有性言陳有法自相。作有緣性非有緣性是自相上意許差別。是故前因亦是有法差別之因。是本成故。

亦能成立與此相違作非有緣性。如遮實等俱決定故。

此成違義有二。初三句顯此因亦能令彼有法差別而作相違。後二句釋所由。作非有緣性者。作非彼意許大有句義有緣之性。謂卽此因亦能成立與彼所立意許別義作有緣性差別相違。而作非大有有緣之性。同異有一實。而作非大有有緣性。有性有一實。應作非大有有緣性。不遮作有緣性。但遮作大有有緣性。故成意許別義相違。不爾違宗。有性可作有緣性故。文言雖略。義覈定然。釋所由云。如遮實等俱決定故。勝論此因旣成有性遮非實等而作有緣性此因亦遮有性非作有性有緣性此如彼遮兩皆決定故成違彼差別之因。此宗自相差別不定。如前已說。今此略以言陳爲自相。意許爲差別。故無妨難。問。於因三相是何過耶。答。有性有緣性因。本所成有法差別。宗無同品。因於徧無。同異非有性有緣性是宗異品。因於徧有。有一實因同無異有。後二相過。故成相違。問。如聲論言聲應非聲作有緣性。所作性故。如瓶等。亦應說是有法差別相違。答。彼自違宗。故非彼過。本亦不諍聲非作聲有緣性故。彼似破攝。如非聲有緣性。如是應非擊發所生起等。皆準此知。問。又如彼言聲之無常應非作聲無常有緣性。所作性故。如瓶等。應是法差別相違。答。亦不然。彼犯兩俱不成。無常有法兩俱不許有所作性。亦似破攝。如是應非緣息無常等。皆準此知。此四過中。初二種因。各唯違一。後二種因。一因違二。其有一因通違三者。如勝論立所說有性非四大種。許除四大體非無故。如色聲等。自所餘法。皆入同喻。無不定過。非四大種是法自相。能有四大非四大種。不能有四大非四大種是法差別。彼意本成能有四大非四大種故今與彼法差別爲相違云所說有性非能有四大非四大種許除四大體非無故如色聲等所說有性是有法自相與此有法自相爲相違云所說有性應非有性許除四大體非無故如色聲等彼說有性離實有性今非此有不犯自語自教相違隨言卽非故違自相有性旣是有法自相作有性有緣性作非有性有緣性是有法差別彼意本成作有性有緣性故今與彼有法差別爲相違云所說有性應非作有緣性許除四大體非無故如色聲等不改本因卽爲違量故成違三有唐

興儁法師者釋門之樞紐也綺歲標奇汎慈舟於濟蟻髫年發穎濤辨水於澂鶩是以初業有宗西河謝其獨步創探空旨北地譽其孤雄天縱英姿藥石時假談笑論及因明法師乃矚古疏以文披生摘叡質余欣其雅量偏結交期情契蘭金言符一攬略窮其趣探新知以理窮再閱廣究其微始驗驥駿駑駘驤中原以分鴽鵬飛鷃翥遶沖天而別羽乃申難曰竊觀論勢文理不同準九因中第四第六名曰相違因於同品無異品有此四相違唯法自相可與彼同其後三違因皆同有異品上

無既。不同於四六。如何返成相違。又法自相。他因
於同徧無。於異品中說有。用他異品爲同得成相
違之義。後之三違。他因皆於同有。異品上無。用他
能立因喻。與他作三相違。行相既自不同。如何可
得法自相相違。與餘三合。而言二合違有六。三合
違有四。四合違有一。余性不匿賢。況乎知已。故錄
之於疏。例示詳藻思玄深。自論道東譯。無申此難
者。匪彼發之千鈞。誰發我之萬碩者歟。夫正因相
者。必徧宗法。同有異無。生他決智。因法成宗。可成
四義。有法及法。此二各有言陳自相。意許差別。隨

宗所諍。成一或多。故宗同品。說所立法均等義品
名爲同品。隨其所諍所立之法有處名同。非取宗
上一切皆同。若爾。便無異喻品。故若令皆同。亦是
分別相似過類。又非唯取言所陳法。不爾。便無自
餘過失。如前數說。故隨所應因成宗中。一乃至四。
所兩競義。有此法處名爲同品。問。理門論云。但由
法故。以成其法。如何今說因成四耶。答。實唯成法。
如難有性而非有性。難彼意許離實等有而非有
性。故唯成法。雖難意許。尋言卽難。更不加言。故名
有法自相相違。加言便成難彼差別。今望言陳因

成宗四理門望諍有法之上意許別義故云但以
法成其法理不相違此論所說法自相因唯違於
一故顯示因同無異有自餘三因乍觀他立皆似
其因同有異無彼此所諍宗上餘三以理窮之皆
無同品其因亦是異有同無如法差別不積聚他
用有法自相離實等有性有法差別作大有有緣
性皆無同喩彼因但於異品上有由彼矯立以異
爲同故今違之以彼異爲同成相違義論中示法
各各不同法自相相違改他同喩爲異改他異喩
爲同後之三違以他同爲同以他異爲異欲顯相

違因必仍舊喩或改新其不定因立順因正破乃
相違因雖不改通二品轉不生決定智立不定名
此相違因隨應所成立必同無異有破必同有異
無決智既生故與前別若立因正破者相違因通
二品豈非不定故此四因不違四六又將法自相
因同無異有就後三種同有異無與三合說一往
觀文必無是理初以異爲同後以同爲同故今將
後三以就初一以異爲同便有合者改他能立之
同喩故如勝論立所說有性離實等外有別自性
許非無故如同異性乍觀此因是其不定二皆有

故。然彼五項諍五句外無別有性。故立有性離實等五有別自性。闕宗同品。其同異性既是異品所離之外。由彼勝論方便矯立。舉異爲同。許非無因。唯於異品實等上有同徧非有。亦如論說聲常之宗法自相因。對無空論闕無同喻所作等因。望於異品瓶等上有同上徧無許成相違。今此亦爾。依此比量後三從初。一因違四法自相相違者。所說有性離實等外無別自性。許非無故。如實德等。同異入宗所等之中。故無不定。彼所立量。離實等有性是法自相。能有實德業離實等有性。不能有實

德業離實等有性是法差別。彼意本欲成能有實德業離實等有性。故今與彼法差別爲相違云。所說有性應非能有實德業離實等有性。許非無故。如實德等爲有法自相相違云。所說有性應非有性許非無故。如實德等。彼說離實等有性。今隨難言陳而非有性故違自相。不違自教自語之宗。同喻亦無所立不成。有性既爲有法自相作有性有緣性作非有性有緣性。是有法差別。彼意本成作有性有緣性。故今與彼有法差別爲相違云。所說有性非作有性有緣性。許非無故。如實德等。不改

故因卽爲違量故成四因。此上同喻舉同異爲喻亦得隨所立故違。一有四論自說二違。二有六。論自說一違。三有四。今略敍一違。四有一。今亦示法。自餘十種皆如理思。此四亦有他自共比各亦說有違他自共。四相違因合三十六。論文所說皆其比違共。向三四因皆自比違自他比違他等皆應準知諸自共比違共及自皆爲過失。違他非過。他比違他及共爲失。違自非過義同前說。此但說全。應詳一分。旣許一因通違四種。故知此四非必相違。問。四相違九句何句所攝。答。乍觀文勢。唯初一

違是九句中第四第六具二因故。九中二因。違法自相相違因故。今觀後三皆彼第四同品非有異品有故違所立故。此上所說但是立敵兩俱不成四相違因。亦有隨一猶預所依餘三不成四相違因。三十六中。一一有四。合計一百四十四種諸相違因如不定中引理門說。皆應思惟。恐文繁雜。故略不述。然理門論攝此頌云。邪證法有法。自性或差別。此成相違因。若無所違害。問。如前所說十四似因。設有兩俱不成亦有不定及相違耶。如是乃至設相違決定亦相違因耶。答。若有兩俱不成必

無不定及與相違。兩俱不成彼彼此俱說因於宗無。不定之因於宗定有彼因立正。用此因違彼正必違此違必正令宗不定。相違之因亦於宗有隨其所應卽用此因成彼異義此違無正彼正無違令宗決定故名相違。由此若有兩俱不成必無不定及與相違。若有後三不成可有不定及與相違隨應還成隨一等不定及相違義由因於宗隨一猶預隨一所依而說有故。然非一切就三隨一可說有故。自他共比旣各有三有體無體全分一分總相而說二十七不成。五十四不定。三十六相違。合計百十七句似因。相對寬狹以辯有無皆應思準。恐繁且止。依理門云因與似因多是宗法。不定相違並於宗有多並宗法。唯四不成於宗亦無非宗法故。有四不成定無相違及不定過。此說共者。餘如理思。

已說似因。當說似喻。

似能立中下第三解似喻有二。初結前生後。後依生正釋。此初也。

似同法喻有其五種。一能立法不成。二所立法不成。三俱不成。四無合。五倒合。

下依生正釋有二。初標列同。後標列異。此初也。因名能立。宗法名所立。同喻之法必須具此二。因貫宗喻。喻必有能立。令宗義方成。喻必有所立。令因義方顯。今偏或雙於喻非有。故有初三。喻以顯宗。令義見其邊極。不相連合。所立宗義不明。照智不生。故有第四。初標能以所逐。有因宗必定隨逐。初宗以後因。乃有宗以因其逐。返覆能所。令心顯倒。共許不成。他智翻生。故有第五。依增勝過。但立此五。故無無結及倒結等。以似翻眞。故亦無合結。

似異法喻亦有五種。一所立不遣。二能立不遣。三俱不遣。四不離。五倒離。

此標列異。異喻之法須無宗因。離異簡濫。方成異品。既偏或雙。於異上有。故有初三。要依簡法簡別離二。令宗決定。方名異品。既無簡法。令義不明。故有第四。先宗後因。可成簡別。先因後宗。反立異義。非爲簡濫。故有第五。翻同立異。同既五過。異不可增。故隨勝過。亦唯五立。

能立法不成者。如說聲常。無質礙故。諸無質礙。見彼是常。猶如極微。

下別釋中。初同。後異同中有二。初別解五。後總結非。解初不成有二。初舉體。後釋不成。此初也。舉彼宗因者。顯似喩體。如聲論師對於勝論立聲是常宗。兩俱許聲體無質礙。以勝論師。聲是德句。德句無礙。聲論雖無德句。然以其聲隔障等間。故知無礙。若據合顯亦是因過。以心心所爲因同法。無礙因轉。前已明因。今辯喩過。故不言因。

然彼極微所成立法。常性是有。

此下釋不成中有二。初明所立有。後辯能立無。此初也。以聲勝論俱計極微體常住。故準釋能立無。此處應言以諸極微常住性故。以意存影略。故略無也。

能成立法無質礙無。以諸極微質礙性故。

此釋能立無。此聲勝論計極微質礙。故無能立。問。因爲成宗。因有兩俱隨一等過。喩亦成宗。何故但名能立不成。不明餘耶。答。因親成宗。故有四過。喩是助成。故無四過。又解。因是初相。據初辯四。顯第二相亦有四種。彼開此合。義實相似。以喩準因亦有四種。一兩俱不成。即論說是。隨一不成。彼聲論師對佛弟子立聲常宗。無質礙因。舉喩如業。佛法不許。卽是隨一。雖俱所立無且辯能立隨一。猶預不成。準理有二。一宗。二因。前已具顯。今喻亦二。於中綺互。或因猶預非喻能立。或喻能立非因猶預。或俱猶預。或俱不猶預。前三是過。第四非過。且因猶預非喻能立者。如於霧等性起疑惑時。爲烟爲霧。卽立彼處定應有火。以現烟故。如廚舍等處。或指如餘疑惑因喻。舉一例餘。卽可思準。或可因是宗法。有法猶預。因亦成過。如廚等現烟。立敵俱決定。何成猶預。又解因具三相。二喻卽因。旣第二相。何非猶預能立所依不成者。不同於因有第二三

相。無宗有法。但闕初相。此所依無能立亦無。然亦得名無能立所依不成。如數論師對佛弟子立思受用諸法宗。以是神我故。如眼等根。若言假我。因喻無過。今言以是神我故因。佛法不許。故隨一無。此因旣無。故喻無依。此約依因。或喻所依無。名所依不成。且約依因。如下更解。然有說言。謂所立旣成。必有所依。故無第四不成之過。今謂不爾。爲依於彼所立之宗。爲依喻上所立無常。若依所立。因喻相似。因不依故知不可。若依喻上所立無常者。此非喻依。喻依依極微故。亦復知不可。又縱有所

立不立第四過或若所立無第四豈不立設雙依
彼有法及法如俱不成豈無此過若言卽依因如
闕宗因豈無此過問若喻上能立不依所立能立
依何答二解一言以依因故因無無依問若因無
依喻是何過答若因依無卽不成因因體非有卽
是喻中所依不成問若言因無依故卽因不成故
喻能立亦無所依者卽無無宗有因喻等諸闕減
句若言無能別故說爲無宗者豈無所別不無宗
也若言無所別卽宗因無者因有三相彼但無初
後二相有何不名因若言過故不名因卽十四因

總名不成皆有過故何須別說然準道理言因之
時唯取初相有法無故闕無初相卽是無因以後
二相說爲喻故故無所依設有能別而無有法亦
其是過問何以得知有此四過答準因可有喻既
助因因既無己喻何所助如因成宗有法無故因
何所成故並爲過問喻上能立何不依宗有法而
依因耶答以隔因故問若隔因故應不成宗答助
因有力故說成宗問喻既依因舉彼瓶等欲何所
用答所依有二一自體依二所助依瓶自體依因
所助依一云盡理而言準論但約自體辯依據兩

俱隨一。但望喻依。不可說言無礙。因上兩俱隨一不許無礙。但於喻依許不許故。此說爲善。順論文故。

所立法不成者謂說如覺。

解所立不成有二。初牒指體。後釋其義。此初也。牒前總別宗因。但別舉喻。謂說如覺。覺者卽心心法之總名也。

然一切覺能成立法無質礙有。

下釋不成有二。初能立有。後所立無。此初也。以心心法皆無礙故。文準於前。

所成立法常住性無以一切覺皆無常故。

釋所立無。喻上常住。實非所立。卽同於彼。所立能立二種法者。卽是其喻。從所同爲名。故名所立。準前能立亦有四種。卽文所辯兩俱不成。舉極微對佛法立隨一不成。雖有餘過。且取所立以辯於過。猶預所立不成者。猶預亦二。綺互亦四。準前能立。如大乘人對薩婆多。立預流等定有大乘種姓。然不定知此預流等有大乘姓不。故懷猶預。因云有情攝故。如餘有情。然餘有情亦懷猶預。不知定有大乘姓不。此俱猶預。餘者類思。所依不成者。且約依宗爲喻所依。如數論師對佛法者。立眼等根爲神我受用。同喻如色等。此卽能別不極成。故喻無所立。亦無所依。由無所依。喻上所立亦不得成。有云旣有能立。故無第四。若二立無。豈無此過。問。喻上所立爲依何法。若依能立。不應說因獨依有法。以因喻二俱能立故。若依所立。如前已難。答。有二解。一云因喻雖俱能立。以隔因故。一云依宗所立。問。若爾。卽有隨一所依不成。宗中所立敵不許故。答。旣云諸皆方舉於喻。卽兼合己證彼極成。故得爲依。不同舉因未極成故。若爾。有舉因已卽解宗

者。依所立。不答亦不得。同喻先以不合故。又或舉因有未解故。若爾。舉喻未解如何。一云依喻所依。諸論說但舉瓶空等法爲喻依故。此解爲正。若據後解所依不成。彼聲論師對大乘立舉極微爲喻。此闕所依。所依旣無所立亦闕。以大乘宗不立微故。細準而言。有自他共。全分一分。有體無體。思之可悉。恐繁不述。

因明入正理論疏卷七

因明入正理論疏卷八

唐京兆大慈恩寺沙門窺基撰

俱不成者。

下解第三過。文分爲三。初總牒。次別開。後釋成。此初也。

復有二種。有及非有。

此別開列也。初開後列。此二文也。有謂有彼喻依。無卽無彼喻依。

若言如紙有俱不成。若說如空對無空論無俱不成。

此釋成。以立聲常宗無質礙因。紙瓶體雖有常無礙無。虛空體無。二亦不立。有無雖二。二皆是俱無。問。虛空體無常可不有。空體非有。無礙豈無。答。立聲常宗。無質礙因。表虛空不有。故無礙無。理門但舉有喻所依。兩俱隨一猶預所依。及喻無依。皆略不明。準此有無有卽初二。二無卽第四。或有或無卽第三過。此有四句。一宗因俱有體無俱不成。卽對無空論是。二宗因無體有俱不成。如數論師對薩婆多立思是我。以受用二十三諦故。如瓶盆等。三宗因有體有俱不成。卽論所說有俱不成是。四宗因無體無俱不成。卽前第二對佛法中無空論者。然此有兩俱隨一猶預及所依不成。初三各分於二。有及非有。且依有俱不成。兩俱不成。如論說是隨一有二。二自隨一有俱不成。如外道立我能受苦樂。以作業故。對佛法中無空論者取空爲同喩。二他隨一有俱不成。如說聲常無質礙故。對佛法者同喩如語業。猶預有俱不成者。如說彼廚等中定有火。以現烟故。如山等處。於霧等性。旣懷猶預。皆火有不決。山處是有。故成猶預有俱不成。所依不成者。喩依旣有。闕無此句。若說依因宗卽有此句。前四句中第二句是前之四種隨其所應亦有全分

一分。思準可知。恐繁不述。問。前二偏無何故不開有無二耶。答。雙無旣開。顯偏亦爾。偏旣不立俱無亦然。以影略故。無俱不成亦有兩俱隨一猶預及所依不成。兩俱無俱不成。如聲論師對勝論立聲常宗。所聞性故。如第八識。二俱不立有第八識故。隨一無俱不成者。如聲論師對大乘者立此比量。彼自不許有第八識故。是自隨一。舉喩如空。對無空論。卽他隨一。猶預無俱不成者。旣無喩依決無二立。疑決旣不異。分故闕此句。所依不成。若說依喩。卽前說是皆無喩依故。說依宗因。卽前四句第

四句是於中復有兩俱隨一全分一分恐繁不述。

問眞如常有故說爲常虛空恆無何非常住又虛空無何非無礙答立宗法略有二種一者但遮非表如言我無但欲遮我不別立無喩亦遮而不取表二者亦遮亦表如說我常非但遮無常亦表有常體喩卽有遮表依前喩無體有遮亦得成依後但有遮無表二立闕今立聲常是有遮表對無空論但有其遮而無有表故是喩過有云聲宗上遮表虛空喩上遮別旣兩俱成總非能立闕答若聲論師作此立者卽是所立不成過者此亦不然虛

空之上但有遮無常無所表常卽所立不成旣但遮礙無所表無礙何非能立闕又破他救云聲無礙有遮有表喩遮非表喩不似因亦不反成云如咽等所作杖等所作雖不相似所作義同亦得成喩者此亦不爾同有所作卽遮表同故得爲因彼遮無表不與此例又云若唯遮喩無能立者亦應小乘對大乘立虛空是常以非作故立者許有遮表敵者唯遮望自應有隨一不成過故知能立不成者不約具遮表此意以立對敵敵但許有遮亦得成喩全不許者方是喩過故將此量爲不定過

此量亦非。誰言無過。對大乘立。即無空論所別不成。宗無簡故。因有隨一。并闕所依。及不定過。為如擇滅為類。龜毛。又擇滅喻常與非作共許遮表。非是不成。故所引非。設又救云。聲空俱取於遮不取於表。可非能立闕不成過。然有破云。若聲取遮不取表者。因喻亦爾。即有二過。違理及教。以陳那菩薩理門論云。若法有遮表不得唯取遮而不取於表。此難亦非。以彼外道不以此教為定量故。今云。此約虛空辯無二立者。據彼本計言常無質礙定有遮表。不唯取遮。故是喻過。

無合者。

下解第四過有四。一牒章。二標體。三釋義。四示法。此初也。

謂於是處無有配合。

標無合體。謂於是喻處。若不言諸所作者皆是無常。猶如瓶等。即不證有所作處無常必隨。即所作無常不相屬著。是無合義。由此無合。縱使聲上見有所作。不能成立聲是無常。故若無合即是喻過。若云諸所作者皆是無常。猶如瓶等。即能證彼無常必隨所作性。聲既有所作。亦必無常隨即相屬著是有合義。問。諸所作者皆是無常。合宗因不。有云不合。以聲無常。他不許故。但合宗外餘有所作及無常。猶此相屬能顯聲上有所作故無常必隨。今謂不爾。立喻本欲成宗。合既不合於宗。立喻何關宗事。故云諸所作者卽合聲上所作皆是無常。卽以無常合屬所作。不欲以瓶所作合聲所作。以瓶無常合聲無常。若不無常合屬所作如何解同喻云說因宗所隨。若云聲無常他不許不合者。不爾。若彼許者卽立已成。以彼不許故須合顯。云諸所作者皆是無常猶如瓶等。又設難云異喻亦言

諸皆豈欲籠括宗因耶。答不例。異喻本欲離彼宗因顯無宗處因定不有。如何得合返顯順成。諸皆之言定合聲上所作與彼無常令屬著因。

但於紙瓶等雙現能立所立二法。

此釋義也。謂但言所作性故譬如瓶等有所作性及無常性。不以之成所作成無常。

如言於瓶見所作性及無常性。

此示法也。若如古師立聲無常以所作故猶如於瓶。卽別合云瓶有所作瓶卽無常當知聲有所作。聲卽無常。故因喻外別立合支。陳那菩薩云。諸所

作者。卽合聲上所作之性。定是無常。猶如瓶等。瓶等所作有無常。卽顯聲有所作非常住。卽於喻上義立合言。何須別立於合支。

倒合者。

下解第五過。文有其二。初牒。後釋。此初也。

謂應說言諸所作者皆是無常。

下釋。釋中有二。初舉正合。後顯倒合。此初也。宗因可知。

而倒說言諸無常者皆是所作。

正顯倒合。謂正應以所作證無常。今翻無常證所作。故是喻過。卽成非所立。有違自宗。及相符等。如正喻中己廣分別。前之三過。皆有自他共分全等。此後二過。但有共全無所餘也。或無分全可分他自共。以隨立量有自等三。故總計似同。初三各四成其十二。兼後二過總有十四。分自他共有四十二。於中細分全分一分。復以似因問似喻過數乃無量。恐繁且止。

如是名似同法喻品。

此卽第二總結非也。

似異法中。所立不遣者。

下解似異五過爲五。此卽第一。於中有三。初簡牒次指體。後釋成。此初也。簡有二重。一簡似同。云似異中。二簡自五。以似異中過有五種。先明所立不遣。故似異法中所立不遣者。卽牒也。

且如有言諸無常者見彼質礙。譬如極微。

第二指體。宗因如前。此中不舉。但標似異所立不遣。此類非一。隨明於一。故云且也。或不具詞。似五明一。故亦云且。

由於極微所成立法常性不遣。彼立極微是常住故。

下釋成有二。初所立有。後能立無。此初也。初三句依指正釋。下兩句牒計顯成。聲勝二論俱計極微常。故不遣所立。

能成立法無質礙無。

下明能立無。準所立有亦應言彼立極微有質礙故。文影略爾。此中亦有兩俱隨一猶預無依不遣。或無第四過。以異喻體但遮非表。依無非過。但有前三。或亦有四。如立我無許諦攝故。異喻如空。對無空論。雖無所依。亦不遣其所立法故。此論所明聲對勝論。兩俱不遣。若對薩婆多。隨一不遣。薩婆多計極微非常故。猶預不遣者。如言彼山等處定應有火。以現烟故。如餘廚等處。異喻諸無火處皆不現烟。如餘處等。然有火處亦無無其烟。故懷猶預。不現烟處火爲有無。故猶預不遣。維摩經說。如無烟火。如焦穀芽。今據顯相。故無違也。然隨所應有自他共全分一分等。

能立不遣者。

下解第二有三。初牒章。次指體。後釋成。此初也。

謂說如業。

指體也。

但遣所立。

釋成有二。此釋所立無。以彼計業是無常故。

不遣能立。彼說諸業無質礙故。

辯能立有有二。初明能立有。次牒計顯成。準前應言彼說諸業體是無常。無質礙故。牒計顯有。以影彰無。亦準於兩俱隨一等過。思之可悉。

俱不遣者。

解第三過。文亦有三。此卽牒也。

對彼有論說如虛空。

此指體也。卽聲論師對薩婆多等。立聲常無礙。異喻如空。

由彼虛空不遣常性無質礙故。
釋成有二。初明二立有。後約計釋成。此初也。
以說虛空是常性故無質礙故。
約計釋成也。兩宗俱計虛空實有徧常無礙。所以
二立不遣也。問。似同中開二。似異不遣。何
不別明。答。同約遮表無依成過。異遮非表。依無俱
遣。故無非過。問。異喻但遮。異無非過。遮有立異無
豈非過。如立虛空定應非有。以非作故。如龜毛等。
諸常有者皆非必作。如空華等。豈非無體俱不遣
耶。答。前望一宗。故同開二。此約別立。故合爲一。立

有異有。卽有不遣。若無必遣。立無異無。卽無不遣。
異有必遣。故不開二。此中亦有兩俱不遣隨一猶
預及無所依。亦隨所應有自他共分全等過。如理
思準。
不離者。
解第四過。文分爲二。初牒章。後示法。此初也。
謂說如瓶見無常性有質礙性。
此示法。離者。不相屬著義。言諸無常者。卽離常宗。
見彼質礙。離無礙因。將彼質礙屬著無常。返顯無
礙屬著常住。故聲無礙定是其常。今既但云見彼

無常性。有質礙性。卽不能明無宗之處因定非有。何能返顯有無礙處定有其常。不令常無礙互相屬著故爲過也。合。卽先合聲上無礙。欲令無礙常住定隨。離。卽先離聲上常住。欲令無宗因定不有。返顯無礙之所至處定有常住宗義隨逐。故理門云。說因宗所隨宗無因不有。依第五顯喻。由合故知因。準此卽是雙離宗因。合應返此。

倒離者。

下解第五過文有二。如前科。此初也。

謂如說言諸質礙者皆是無常。

示法。宗因同喻。皆悉同前。異喻應言諸無常者見彼質礙。卽顯宗無因定非有。返顯正因。除其不定及相違濫。返顯有因宗必隨逐。此則顯彼宗因。今既倒云諸有質礙皆是無常。自以礙因成非常宗。不簡因濫返顯於常。此有二過。如正異辯。亦可有三。自他及其無一分過。總計似異中亦四十二。如同喻說。餘細分別亦準上知。

如是等似宗因喻言。非正能立。

此解似中大文第二結非眞也。言如是者。卽指法之詞。復言等者。顯有不盡。向辯三支。皆據申言而有過。故。未明缺減。非在言申。故以等。等復云似宗因喻者。等彼缺減。後牒前三。總結非眞。故是言也。若爾。何故不言如是似宗因喻等。而云如是等似宗因喻耶。答。喻下言等。恐有離前似宗因喻。別有似支。顯離此三。更無有別似宗因喻。故於前等。

復次爲自開悟當知唯有現比二量。

上已明眞似立。次下第三明二眞量。是眞能立之所須具。故文分爲四。一明立意。二明遮執。三辯量體。四明量果。或除伏難。此卽初二也。與頌先後次

第不同。如前已辯。問。若名立具。應名能立。卽是悟他。如何說言爲自開悟。答。此造論者欲顯文約義繁。故也。明此二量親能自悟。隱悟他名。及能立稱。次彼二立。明顯亦他悟疏能立。猶二燈二炬互相影顯故。理門論解二量已云。如是應知悟他比量亦不離此得成能立。故知能立必籍於此量。顯卽悟他。明此二量親疏合說。通自他悟及以能立。此卽兼明立量意訖。當知唯有現比二量者。明遮執也。唯言是遮。亦決定義。遮立教量及譬喻等。決定有此現比二量。故言唯有。問。古立有多。今何立二。

答理門論云由此能了自共相故非離此二別有所量爲了知彼更立餘量故依二相唯立二量問陳那所造因明意欲弘於本論解義既相矛盾何以能得順成答古師從詮及義智開三量以詮義從智亦復開三陳那已後以智從理唯開二量若順古幷詮可開三量廢詮從旨古亦唯二當知唯言但遮一向執異二量外別立至教及譬喻等故不相違廣此二量如章具辯有依於此唯二量文遂立量云似現比等皆比量攝如疏具述有過不習又傳云外道立宗現比量外有至教等量云非

比極成現所有量非現量攝極成現量所不攝量所攝故猶如比量言非比量簡一分相符以佛法許比量是現所有非現量攝故復欲取爲同喻即顯因具足三相故言極成現量簡不極成以佛法許至教亦是現量攝故言所有者又簡自語相違若直言極成現量非現量攝既言極成現量復非現量攝故有相違又若不言所有不詮得至教量是現所有然狹帶說故云所有量因中言極成簡隨一過以大乘至教量是現量攝故言量所攝簡不定過爲如比量極成現量所不攝故至教離現

別有耶。爲如非量所不攝故。非別有體耶。又量所攝簡非量相符。以大乘許非量現所有量。非現量攝。又成立離比量外更有喻等量者。以大乘許譬喻量等非現量攝故。立量云。非現極成比所有量。非比量攝。極成比量所不攝量所攝故。如現量。簡過如前。陳那菩薩以此量無過。但與立量爲決定相違因量。立現比量外無至敎量云。非現比所有一分不極成量是現量攝比量所不攝量所攝故。如現量。又成立離比量外無義準等量云。非比極成現所有一分不極成量是比量攝現量所不攝。

量所攝故。如比量。簡過如前。是故陳那依此二相。唯立二量。其二相體。今略明之。一切諸法各附己體。卽名自相。不同經中所說自相。以分別心假立一法。貫通諸法。如縷貫華。此名共相。亦與經中共相體別。有說自相如火熱相等名爲自相。若爲名言所詮顯者。此名共相。此釋全非。違佛地論。若以如火熱等方名自相。定心緣火。不得彼熱。應名緣共。及定心得敎所詮理。亦爲言顯。亦應名共相。若爾。定心應名比量。不緣自相故。乘斯義便明自共相。諸外道等計一切名言得法自相。如說召火。但取於火明得火之自相。佛法名言。但得共相。彼卽難言。若得共相。喚火應得於水。大乘解云。一切名言有遮有表。言火遮非火。非得火自相。而得火來者名言有表。故得於火。有救難外云。汝若名言得火自相。說及心緣應燒心口。以得自相故。若他反難云。汝定心緣火。旣得自相。應亦燒心。心此不燒。假智及詮。雖得自相。而不被燒。如何難我。卽有解云。境有離合。殊緣合境者被燒。定心離取。故不被燒。由此前難。但應難名言。言依語表。表卽依身。是合中知。若得自相。卽合被燒。今問此難。爲難因明

自相。爲經中自相耶。答云。依因明自相。若爾。此難並不應理。因明自相。非要如火熱爲自相。如何難彼合火燒心等。設縱依經自共相難。卽不得言假智及詮得自相。救彼假智詮論自誠說得共相故。若據外宗。彼非假智。詮俱得自相。故可依此智以難於彼。彼返難曰。定心得自相。應定心被燒。亦不得以離合取救。誰言定心唯離取境。瑜伽說通離合取故。又若離取卽不被燒。亦應離取不得自相。火以熱觸爲自相故。又於極熱捺落迦中。意與身識同取於火。旣不被燒。應不悶絕。不與苦俱。彼旣

閼絕。及與苦俱明得彼火熱自相故。前救及難。二並成非。今且自共相外道未必皆有此二。佛法之中有此義故。彼外道等但言火等卽得火體。火體爲自相。而不立共相。不能分別經之與論。故總難之。若如說火。得火自相卽應燒口。此據言火在於口中言得自相。自相亦不離口。故應燒口。或可抑難。非正難彼令口被燒。口是發語之緣。非正語故。正難於彼尋名取境之心亦得自相。得自相者心應覺熱。若他返難言。令我尋名緣火之心亦被燒者自是被屈。非預我宗尋名假智不得彼火之自相故。若覺熱觸。卽非假智稱境知故。設定心中尋名緣火等亦是假智。不同比量假立一法貫在餘法名得自相。各附體故名得自相是現量收。不得熱等相故假智攝。如假想定變水火等身雖在中。而無燒濕等用。如上定心緣下界火雖是現量所帶相分亦無燒濕等用。問。若爾實變水火地等有濕熱等用不。答。雖有用而不燒心等但任運變中卽是火體自相。定心亦爾。問。身根實智俱得火之自相。云何得有燒不燒異。答。火有微盛燒不燒異。問。因明自共相有體無體耶。答。此之共相全無其

體。設定心緣因彼名言行解緣者卽是假智依共
相轉。然不計名與所詮義定相屬著故云得自相。
然是假智緣得名爲共相作行解故。此之共相但
於諸法增益相狀。故是無體同名句詮所依共相。
若諸現量所緣自相卽不帶名言冥證法體彼卽
有體卽法性故。若佛心緣比量共相亦無有體許
佛徧緣故亦無失。有說共相亦是有體假。此實不
然。以何爲體。若有體者百法何收。答。言法同分攝
許不相應是有體假。此亦不然。謂誰言不相應是
有體假。瑜伽五十二云緣去來生滅等是緣無體

識。若許有體不證緣無。問。空無我等此之共相爲
有體無。有云有體卽此色等非我我所名空無我
等故非境無故成唯識云。非異非不異如無常等
性。又云。若無體者如何與行非異耶。今謂不爾。若
言卽此色等非我我所名空無我故說非無卽應
與色等是一而非異如何非一異。又違五十二解
云證緣無識。一緣無我觀智。二緣飮食。飮食卽香
等離色香等都無所有。三邪見緣無。四又諸行中
無常無恒不實共相觀識非不緣此。五緣去來生
滅等。旣引證緣無明知此無體。且止傍論。

此中現量。

下今辯體有二。初辯現量體。後明比量體。辯現量中文復分四。一簡彰。二正辯。三釋義。四顯名。此卽初也。言此中者。是簡持義。向標二量。且簡比量。持彰現量。故曰此中。言現量者。卽正所持。欲明立量。

謂無分別。

第二正辯。言現量者。謂無分別。 問。何智於何境離何分別。

若有正智於色等義。

第三釋義文。復分三。初簡邪。二定境。三所離。此初

二也。若有正智。簡彼邪智。謂患翳目見於毛輪第二月等。雖離名種等所有分別。而非現量。故雜集云。現量者自正明了無迷亂義。此中正智。卽彼無迷亂離旋火輪等。於色等義者。此定境也。言色等者。等取香等。義謂境義。離諸瞙障。卽當雜集明了。雖文不顯。義必如是。不爾。簡略過失不盡。如智不邪亦無分別緣彼障境應名現量故。

離名種等所有分別。

此所離也。謂有於前色等境上。雖無瞙障。若有名種等諸門分別亦非現量。故須離此名言分別種

類分別等取諸門分別故理門論云遠離一切種類名言假立無異諸門分別言種類者卽勝論師大有同異及數論師所立三德等名言卽目短爲長等皆非稱實名爲假立一依其相轉名爲無異諸門二十三諦及六句中常無常等或離一切種類名言名言非一故名種類卽緣一切名言名義定相繫屬故名名言依此名言假立一法貫通諸法名爲無異徧宗定有異徧無等名爲諸門或可諸門卽諸外道所有橫計安立諸法名爲諸門計非一故此卽簡非盡若唯簡外及假名言不簡比

量心之所緣過亦不盡故須離此所有分別方爲現量若一往唯言無二或三所有分別有太寬失非彼二三全非現量準七攝三意地唯除無分別智餘位隨應恆有彼故然離分別略有四類一五識身二五俱意三諸自證四修定者此言於色等義是五識故理門論引頌云有法非一相根非一切行唯內證離言是色根境界亦云意地亦有離諸分別唯證行轉又於貪等諸自證分諸修定者離教分別皆是現量問此入正理爲同於彼言於色等但是五識亦有餘三答有二解一云同彼於

色等境。且明五識。以相顯故。此偏說之。彼論廣明。故具說四。二云具攝言色等義。不唯五境。彼之三種亦離名種等所有分別。此略總合。彼廣別說。問。別明於五。五根非一。各現取境。可名現現別轉。餘三如何名現別轉。答。各附體緣。不貫多法。名爲別轉。文同理門。義何妨別。問。言修定者離教分別。豈諸定內不緣教耶。答。雖緣聖教。不同散心計名屬義。或義屬名。兩各別緣。名離分別。非全不緣。方名現量。若不爾。無漏心應皆不緣教。

現現別轉故名現量。

此顯名也。此四類心。或唯五識。現體非一。名爲現現。各附境體。離貫通緣。名爲別轉。由此現現各各別緣。故名現量。故者結上所以。是名現量。顯其名矣。雖無是字。準解比量具合有之。彼文無故。闕結所以。影顯有故。但爲互文。其義相似。依理門論云。由不共緣現現別轉。故名現量。五根各各明照自境。名之爲現。識依於此。名爲現現。各別取境。名爲別轉。境各別故。名不共緣。若爾。互用豈亦別緣。答。依未自在。且作是說。若依前解。即無此妨。或現之量。五根非一名現。現識名爲量。現唯屬根。準理門釋理則無違。若通明四。意根非現。又闕其識自體現名。但隨所應依主持業二種釋也。

言比量者。

下明比量文分爲四。初牒量名。二出體。三釋義。四結名。此卽初也。

謂籍衆相而觀於義。

此出比體。謂若有智籍三相因。因相有三。故名爲衆。而方觀境義也。

相有三種。如前已說。由彼爲因。於所比義。

此下釋義有三。初釋前文。次簡因濫。後擧果顯智。

此初文也。言相有三。釋前衆相。離重言失。故指如前。由彼爲因。釋前籍義。由卽因由。籍待之義。於所比義。此卽釋前而觀於義。前談照境之能。曰之爲觀。後約籌慮之用。號之曰比。言於所彰結比故也。

有正智生。

此簡因濫。謂雖有智籍三相因。而觀於境。猶預解起。此卽因失。如前決定相違之因。或可釋疑。前但略指三相如前。卽有疑云。如聲勝論因皆三相。豈緣彼智卽爲正也。遂卽釋云。雖具三相。有正智生方眞比量。彼智或生疑。故不爲正。

了知有火。或無常等。

此卽舉果顯智。明正比量智爲了因。火無常等是所了果。以其因有現比不同。果亦兩種火無常別。了火從烟現量因起。了無常等從所作等比量因生。此二望智俱爲遠因。藉此二因緣因之念爲智近因。憶本先知所有烟處必定有火。憶瓶所作而是無常。故能生智了彼二果。故理門云。謂於所比審觀察智從現量生。或比量生。及憶此因與所立宗不相離念。由是成前舉所說力。念因同品定有等故。是近及遠比度因故。俱名比量。問。言現量者。爲境爲心。答。二種俱是。境現所緣從心名現量。或體顯現爲心所緣名爲現量。問。言比量者爲比量智爲所觀因。答。卽所觀因及知此聲所作因智此未能生比量智果知有所作處卽與無常宗不相離能生此者念因力故。問。若爾現量比量及念俱非比量智之正體何名比量。答。此三能爲比量之智近遠生因。因從果名。故理門云。是近是遠比量因故俱名比量。又云。此依作具作者而說如似伐樹斧等爲作具。人爲作者。彼樹得倒。人爲近因。斧爲遠因。有云。斧親斷樹爲近因。人持於斧。疏非親因。此現比量爲作具憶因之念爲作者。或復翻此。隨前二釋故名比量。問。理門論中現比量境及緣因念隨其所應俱名現比。如何此中俱但說於智。何理得知彼於現境亦名現量比量之因亦名比量。答。理門論中云。問何故此中與前現量別異建立。此問。詞。爲現二門。此處亦應於其比果說爲比量彼處亦應於其現因說爲現量俱不遮止。此答詞。卽初後互明也。今者此中但出量體。略彼作具之與作者略廣故爾。

是名比量。

第四結名。由籍三相因比度知有火無常等。故是名比量。故是二字如前應知。

於二量中。卽智名果。是證相故。如有作用而顯現故。亦名爲量。

第四明量果也。或除伏難。謂有難云。如尺秤等爲能量。絹布等爲所量。記數之智爲量果。汝此二量火無常等爲所量。現比量智爲能量。何者爲量果。或薩婆多等難。我以境爲所量。根爲能量。彼以根見。等不許識見。故根爲能量。依根所起心及心所而爲量果。汝大乘中卽智爲能量。復何爲量果。或諸外道等執境爲所量諸識爲能量神我爲量果。彼計神我爲能受者知者等故。汝佛法中旣不立我何爲量果智卽能量故。論主答云。於此二量卽智名果。卽者不離之義。卽用此量智還爲能量果。彼復問云。何故卽智復名果耶。答云夫言量果者。能智知於彼。卽此量智能觀能證彼二境相故。所以名果。彼之境相於心上現名而有顯現假說心之一分名爲能量。云如有作用。旣於一心以義分能所故量果又名爲量。或彼所量卽於心現不離心故亦名爲量。以境亦心依二分解。或此中意約

三分明。能量見分量果自證分。體不離用卽智名果。是能證彼見分相故。相謂行相體相非相分名相。如有作用而顯現者簡異正量。彼心取境如日舒光。如鉺鉺物親照境故。今者大乘依自證分起此見分取境功能及彼相分爲境生識。是和緣假。如有作用。自證能起。故言而顯現。故不同彼執直實取此自證分。亦名爲量亦彼見分。或此相分亦名爲量。不離能量故。如色言唯識。此順陳那三分義解。

有分別智於義異轉名似現量。

下第四大段明二似量眞似相形故次明也於中有二初似現後似比似現之中復分爲二初標後釋此卽初也標中有三一標似現體二標所由三標定名有分別智謂有如前帶名種等諸分別起之智不稱實境別妄解生名於義異轉名似現量此標似名

謂諸有智了瓶衣等分別而生

此下釋也釋文亦三卽釋初也謂諸有了瓶衣等智不稱實境妄分別生名分別智準理門言有五種智皆名似現一散心緣過去二獨頭意識緣現在三散意緣未來四於三世諸不決智五於現世諸惑亂智謂見杌爲人觀見陽炎謂之爲水及瓶衣等名惑亂智皆非現量是似現收或諸外道及餘情類謂現量得故故理門云但於此中了餘境分不名現量由此卽說憶念比度悕求疑智惑亂智等於鹿愛等皆非現量隨先所受分別轉故五智如次可配憶念等智下言等是向內等離此更無可外等故於鹿愛等者西域共呼陽炎爲鹿愛以鹿熱渴謂之爲水而生愛故此境言等等彼見杌謂之爲人病眼空華毛輪二月瓶衣等故彼復

言。如是一切世俗有中瓶等數等舉等有性瓶性等智皆似現量。是假非眞名世俗有。舉瓶等取外道五唯量實句義等數。卽勝論所計德句。言等等取彼量合離等舉卽業句取捨屈伸行。舉卽彼取。或是彼行。以等於餘有性卽大有瓶性等。卽瓶性同異等取和合句等。智卽緣此之智皆似現量。此等皆於五塵實境之中作餘行相假合餘義分別轉故。問此緣瓶等智既名似現現比非量三中何收。答非量所攝。問如第七識緣第八執我可名非量。汎緣衣瓶既非執心。何名非量。答應知非量不

要執心。但不稱境別作餘解。卽名非量。以緣瓶心。雖不必執。但惑亂故。謂爲實瓶。故是非量。　問旣有瓶衣緣彼智起應是稱所知何名分別。

由彼於義不以自相爲境界故。

此釋所由。由彼諸智於四塵境不以自相爲所觀境於上增益別實有物而爲所緣名曰異轉。此意以瓶衣等體卽四塵依四塵上唯有共相無其自體。此知假名瓶衣不以本自相四塵爲何緣。但於此共相瓶衣假法而轉謂爲實有。故名分別。

名似現量。

此釋定名。由彼缾衣依四塵假。但意識緣共相而轉。實非眼識現量而得。自謂眼見缾衣等名似現量。又但分別執爲實有。謂自識現得。亦名似現。不但似眼現量而得名似現量。此釋盡理。前解局故。

若似因智爲先所起諸似義智名似比量。

此第二解似比。文亦有二。初標。後釋。此卽初也。於中有三。初標似因。次標似體。後標似名。似因及緣似因之智爲先生。後了似宗智名似比量。問。何故似現先標似體後標似因。此似比中先因後果。答。彼之似現由卒遇境。卽便取解。謂爲實有。非後籌度。故先標果。此似比量。要因在先。後方推度邪智後起。故先舉因。或復影顯。三句三文。如次配釋。

似因多種。如先已說。用彼爲因。

下釋。如先所說四不成。六不定。四相違。及其似喻。皆生似智。因竝名似因。前已廣明。恐繁。故指。準標有智及因。今釋亦有所知之因及能知智。皆不正故。俱名似因。然釋文無。卽舉因顯用彼因智以爲先因。準理標中亦合云若似因智。及邪憶彼所立宗因不相離念爲先。文略故爾。釋文隨標亦略不說。

於似所比諸有智生。
釋前所起諸似義智起之與生義同文異。如於霧等妄謂爲烟言於似所比邪證有火。於中智起言有智生。

不能正解名似比量。
此釋名也。由彼邪因妄起邪智。不能正解彼火有無等。是眞之流而非眞故。名似比量。

復次若正顯示能立過失說名能破。
下第五大段解眞能破文。分爲三。初總標能破。次辨能破境。後兼顯悟他結能破號。或分爲四。初二

如前第三出能破體。第四結能破名。且依初科。此卽初也。他立有失。如實能知顯之令悟名正顯示能立過失。　其失者何。

謂初能立缺減過性。立宗過性。不成因性。不定因性。相違因性及喩過性。
此辨能破境。卽他立失分二。初辯闕支。次明支失。謂初能立缺減過性。此卽初辯闕支。或總無言。或言無義。過重先明。故云初也。此之缺減古師約宗因喩。或七六句。陳那已後約因三相。亦六或七。並如前辯。或且約陳那因三相爲七句者。闕一有三

者。如數論師對聲論立聲是無常眼所見故聲無常宗瓶盆等爲同品虛空等爲異品。此但闕初而有後二。聲論對薩婆多立聲爲常所聞性故虛空爲共同品瓶盆等爲異闕第二相所量性因闕第三相。闕二有三者。如立聲非勤發眼所見故虛空等爲同瓶盆等爲異闕初二相。如立我常對佛法者因云非勤發虛空爲同電等爲異。因闕所依故無初相電等上有闕第三相。諸四相違因卽闕後二相。如立聲常眼所見故虛空爲同盆等爲異。三相俱闕。立宗過性等下別明支過。此等或於能破

立所破名故理門云能立缺減能破立宗過性能破等問云何能缺減等名爲能破能破理在出彼過言故答此於能破說所破名據實能破在於言也或於所作說能作名能立缺減等爲因能起此能破言名爲能作卽能破言從起名爲所作。破實在言缺減能破等是於所作立能作名。亦如於果立彼因號故也或云此唯約境以下更云顯示此言若前是言何須後說。

顯示此言開曉問者故名能破。

兼顯悟他結能破號。立者過生敵責言汝失立證

俱問其失者。何名爲問者。敵能正顯缺減等非。明之在言。名顯示此因。能破言曉悟彼問。令知其失。捨妄起眞。此卽悟他名爲能破。此卽簡非兼悟他。以釋能破名。簡雖破他不令他悟亦非能破。

若不實顯能立過言名似能破。

此大段第六明似能破。文分爲三。初標似能破。次出似破體。後結似破名辯釋所以。此初也。

謂於圓滿能立顯示缺減性言。於無過宗有過宗言。於成就因不成因言。於決定因不定因言。於不相違因相違因言。於無過喻有過喻言。

此出似能破體。初明妄言闕。後辯正言邪。立者量圓。妄言有缺。因喻無失。虛語過言。不了彼眞。與言自負。由對眞立。名似能破。準眞能破。思之可悉。

如是言說名似能破。

下結似能破名。辯釋所以。於中分二。卽結名及釋。此卽初也。如是者指前之詞。言說者卽圓滿能立缺減言等。如此等言名爲似破。 問何故於圓滿能立顯示缺減性言等爲似能破。

以不能顯他宗過失。彼無過故。

釋所以。夫能破者。彼立有過。如實出之。顯示立證敵。令知其失。能生彼智。此有悟他之能。可名能破。
彼實無犯。妄起言非。以不能顯他宗之過。何不能
顯。彼無過故。由此立名爲似能破。

且止斯事。

大文第三方隅略示。顯息煩文。論斯八義眞似實
繁。略辯爲入廣之由。具顯恐無進之漸。故今略說
之云。且止斯事。

已宣少句義。爲始立方隅。其間理非理。妙辯於餘處。

一部之中文分爲二。此卽第二顯略指廣。上二句
顯略。下二句指廣。略宣如前少句文義。欲爲始學

立其方隅。八義之中理與非理。如彼理門。因門。集
量。具廣妙辯。

因明入正理論疏卷八

因明入正理論後序

因明入正理論者蓋乃抗辯標宗摧邪顯正之閫也因談照實明彰顯理入言趣本正以離邪論之者較言旨歸審明要會也昔應符道樹茲義備焉登庸鹿林斯風扇矣六師稽顙而卷舌十仙請命以知歸非夫靈曜寢光邪津鼓浪同惡孔熾實繁有徒所以世親弘盛烈於前陳那纂遺芳於後揚眞殄謬夷難解紛至矣神功備詳餘論粤有天主菩薩亞聖挺生博綜研詳聿修前緒撰略精祕逗適時機啟以八門通其二益芟夷五分取定三支其義簡而彰其文約

而顯西方時彥鑽仰彌深自非履此通規未足預其高論大唐皇帝乘時啟聖闡金鏡而運金輪納錄嗣明振玉鼓而調玉燭洞敷玄化載緝彝章爇慧炬而鑒昏城艤智舟而濟苦海我三藏法師玄奘神悟爽拔峻節冠羣行四勤如不及瞻三宗而好問漢地先達各擅專門寓目必察其微納心並殫其妙嗟乎聖迹緜遠像教陵夷未嘗不臨訛文以喟然撫疑義而太息望葱山而高視期鷲峰而遠遊既而冒險乘危詢師訪道行達北印度迦濕彌羅國屬大論師僧伽耶舍稽疑八藏考決五乘論師以大義磐根嘉其素

蓄惟因明妙術誨其未喻梵音覿止冰釋于懷後於
中印度摩竭陀國遇尸羅跋陀羅菩薩更廣其例觸
類而長優而柔之於是徧謁遺靈備訊餘烈雖遇鍱
腹縱辯無前風偃邪徒抑兼茲論旋弘周化景福會
昌粵以貞觀二十一年秋八月六日於弘福寺承詔
譯訖弘福寺沙門明濬筆受證文弘福寺沙門玄謨
證梵語大總持寺沙門玄應正字大總持寺沙門道
洪實際寺沙門明琰羅漢寺沙門慧貴寶昌寺沙門
法祥弘福寺沙門文備廓州法講寺沙門道深蒲州
栖巖寺沙門神泰詳證大義銀青光祿大夫行左庶

子高陽縣開國男臣許敬宗奉詔監譯三藏法師以
虛己應物闢此幽關義海淼其無源詞峰峻而難仰
異方秀傑同稟親承筆記玄章並行於世余以不敏
妄恭吹噓受旨證文偶茲嘉會敢錄時事貽諸後昆
勝範鴻因無泯來際

基法師固相宗鼻祖也因明一道尤其所尙當是
時彥邁尙昉光輩各出撰疏咸無覈其儔也故論
道東傳惟此疏乃第一義耳此土失傳蓋在元季
兵燹自明迄今五百餘年幾若廣陵散泯絶無冀
復聞矣雖其間諸大老各有解釋不無摸象之誚
未足爲法蓋抑非得其親傳不可耳讀此疏可知
矣客春　本局仁山楊君初由東瀛取回出示於
巖拜讀之下喜不自勝遂募資讎校鋟板亟亟流
通以公衆好期年甫蕆其事吾謂後之覽者必同
感遭遇之幸並荷楊君之力然抑兆斯道重光法
之顯晦有在歟
慈恩後學松巖謹跋

石肯堂雲道人施洋銀十六圓
金剛窟法山主施洋銀五圓
淸泰室觀道人施洋銀十圓
封崇寺彌和尙施洋銀十圓
了塵施洋銀四圓　鑑明施洋銀四圓
月霞施洋銀三圓　松巖施洋銀十圓
隆圓施洋銀四圓　靈珠施洋銀十圓

鍹清施洋銀六圓　如庵施洋銀三十圓
無名氏施洋銀五十圓　本開施洋銀一圓
普善施洋銀四圓　智珠施洋銀一圓
心融施洋銀二圓　道珠施洋銀二圓
賢珠施洋銀二圓　宏圓施洋銀一圓
三寶弟子魏繇敬施洋銀十圓追薦亡室湯悟元
蚤超三界往生極樂見佛聞法普度羣生
敬刊因明論疏全部連圖計字八萬四千五百五
十五箇餘資刷印施送訖
光緒二十二年冬十月金陵刻經處識

因明正理門論述記卷第一

大唐蒲州栖巖寺沙門神泰撰

初言因明者五明論中論卽是諸因明論之通名也正理門論者此論之別目也初言因者有其二種一者生因二者了因今此所辨正說了因兼辨生因就了因中復有三種一者義因謂通是宗法所作性義二者言因立論之者所作性言三者智因諸敵論之者及證義人解前義因及言因心心數法通名爲智此之三因竝能顯照聲無常如鐙照物故名明也此卽因是境名明是智稱又卽此

明智能照因境了得本宗故云因明此卽因卽是明爲言說名因明者一從因生卽因名因明二生因明故名因明從果名因明也若因義卽因明境故名因明又釋因者卽前智境具明者辨也謂此論辨明此因故名因明此因明二字法比量論之總名言正理者智能照理從理名因理者起言故言亦名理智所照境亦名爲理理有邪正簡邪云正理此正理用此論爲門方能悟解故名正理門又解正理者卽集量等五十餘教名也此論爲彼門故名正理門天主所造入正理者此論名正

理彼能入此名入正理。略無門字。其猶昇階趣門卽天主所制之號。復猶因門入室卽此論之名也。又解。正理者卽法法道理有正不邪。今以此論爲門通生正智悟至正理。故名正理門也。言正理者。陳那菩薩所造集量等辨諸法正理。此論與彼論爲趣入方便門也。

大域龍菩薩造大唐三藏法師玄奘奉詔譯

大域龍者本音云摩訶特(地力反)那(去聲)伽。摩訶(此云大)。特(此云域)。那伽(此云龍)。此菩薩如大方域之龍有大威德故以名。

爲欲簡持能立能破義中眞實故造斯論。

此論一部分有其三焉。此之一論是序述發起分。第二宗等多言下辨釋正宗分。第三論末四句顯所爲契眞分。自古九十五種外道大小諸乘各制因明俱申立破。今欲於彼立破義中簡智探言持取眞實謂昔因明或非過謂過過謂非過。今顯簡智持取此過云是過。非過云非過者。此卽若能立能破似俱名能立能破。能立破名眞實義。非一向取無過能立破。

宗等多言說能立

如餘處。

是中唯隨自意樂爲成所立說名宗

有四種。一共所許宗如言青蓮華香此有立已成過故不立。二一本所習宗於自教中立亦有已成過故不立。三義準宗如立聲是無常準是空無我非本其所立故不立。四隨自意宗乃至自教中立餘教義故無過也。廣如餘處。

非彼相違義能遣

宗有五過名相違義以此五過卽義與宗相違故。此相違義能遣正宗令成至似。若非彼相違義能遣之宗名正宗。

宗等多言說能立者由宗因喻多言辯說他未了義。

同小論說。

故此多言於論式等說名能立。

引天親所造諸論亦立一因二喻爲多言名能立以證前文。言論式等卽等取論軌及論心此三論並世親所造。幷等餘比量論皆一因二喻爲能立。

又以一言說能立者爲顯總成一能立性。

頌中宗等多言總說名能立者爲顯一因二喻總成一能立性如椽欏壁戶多物總成一舍不可以

椽等別故至舍亦多。
由此應知隨有所闕名能立過。
宗因喻三支中隨一種缺減名能立性過。陳那已前若言闕宗或隨闕因喻名能立過。一師釋云自有宗而無因喻自有因而無宗喻自有喻而無宗因爲三句有宗因而無喻有宗喻而無因有因喻而無宗有無宗因喻爲第七句如此七句名能立缺減性過復有師釋云前之六句可然第七句不可以若有一二少餘可云缺減第七宗因喻俱無。何名闕耶故不可也陳那云但於因同喻異喻能

立之中有滅性過自賢愛以前師釋言自有有因無同異喻有同喻無因及異喻有異喻無因及同喻闕二爲三句自有有因同喻無異喻有同異喻無因有異喻因無同喻闕一爲三句自有無因同異二喻爲第七句自賢愛已後法師不立第七句。
如前所辨言名能立過者此唯義解。
言是中者趣論端義或簡持義是宗等中故名是中釋云此是發語之端如此方蓋聞若夫及唯等欲發言釋前第一句宗義故曰是中次釋云是宗等多言中簡去因喻持取其宗故名是中謂舉總取

別故言是宗等中故名是中也或簡持者簡增損
邊持取其中謂似宗因喻過謂爲眞名增眞宗因
喻謂非眞名損簡此二邊持取中道卽是上文能
立能破義中眞實名是中問眞言非眞名爲損似
言非似何不爾耶答眞謂非眞遮生正理得名損
似謂非似遮失非理不名減亦可屬論皆得問此
文既釋眞宗何以是中亦中其似耶答頌中第四
句言非彼相違義能遣方簡似宗當知前三句普
含總語眞似又釋是中之言但是眞宗等中所以
知然既頌言爲所成立說名宗非彼相違義能遣

當知上句所說之宗非彼相違義能遣若言上句
亦通似宗者下句亦應貫通眞似言是宗等中者
其宗因喻三皆離增減二邊謂於中離增減邊而
取中道故言是中或可簡邪持正宗等三中故言
是中

所言唯者是簡別義

欲簡知因喻別取其宗或可能去因喻簡取其宗
名簡別義若唯復釋前簡持義者亦應言簡取不
唯簡去也亦可簡謂簡擇擇是卽取擇非卽去謂
若是宗簡取也若是能立簡去也別者異義亦通

去取謂別去因喻別取其宗。若爾言簡即是何須別耶。答。簡名是通。今此簡去是簡別也。非謂簡持等。故復言別。

隨自意顯不顧論宗隨自意立

宗有四。如前釋。第四隨自樂宗。如薩婆多現已辨才不顧前三論宗。於自教中隨其自意假作餘教師立餘教義。名隨自意立。即無過。

樂爲所立謂不樂爲能成立性若異此者說所成立似因似喻應亦名宗

樂爲兩字簡似因喻。所立二字簡真因喻。言樂爲

所成立者。諸立論者但意樂作所成立。論者但意樂作所成立宗義成而欲成立。故名樂爲所成立。是立論者本意也。真因真喻先格成故。故不樂爲能成立性。若異此樂爲之言。但云所立爲宗。簡真因喻能成立性者說所成立。似因似喻更須成立應亦名宗。然雖是所立非立論者本意所樂。雖是所立而非宗也。言似因便更成立者。聲明論有二種。一立聲從緣生而不滅。二立聲但從緣顯不生不滅。如佛弟子對聲明論立聲是無常宗所作性故因。猶如極微同喻。此因對聲顯論有隨一不成

過以彼敵論者不許聲是所作性故其因更須成立聲是所作性宗從緣持實故因猶如瓶等同喻又極微喻敵論者不許是無常故有所立不成過然更須成立云極微是無常宗有質礙故因猶如瓶等同喻聲論師立極微是常而是有對故此因及喻更成立時雖是所立然立論者意當時唯樂宗爲所成立不樂成立似因似喻又釋樂爲所立宗以宗不成爲所成立故謂不樂爲因喻不成成立因喻若異此樂爲所立乃樂爲能成立者說所成立似因似喻不成更成能成立性應亦名宗然

似因似喻雖更成立得時唯是能成立性非所成立宗故知樂爲所成立爲宗不樂成立能成立似因似喻爲宗也成立因喻如前說此文即是入理中隨自樂爲也然此文無極成有法極成能別差別性故者法論師釋云商羯羅不樂此論者如數論對釋子立我是思此是因中所依不成過特以因必於有法上立有法既無故立因不成只爲敵論不信我故便立我斷有所過言極成能別如佛弟子對數論立聲滅壞此自是無同喻過以數論宗不許有壞滅法故故無有喻只爲不信聲有滅

壞便立滅壞斷亦有過言差別性者如立宗言聲是無常無常與聲更相差別至言必爾何須更以差別之言而差別耶是故此論無此之句也

爲顯離餘立宗過失故言非彼相違義遣

謂餘外道等立宗即有五種過失今爲欲顯離餘外道等立宗過失故有第四句言也亦可立有過宗是無過宗之我餘今欲明離餘有過宗故有斯言也言非彼相違義遣者即是頌文但略無能字也言相違義者即是似宗與正宗相違故名相違義即此眞實宗不爲似宗所破故言非相違義能遣言義者即是相違義言聲下所詮義也遣者即除破義也此之一義入理論無也前所樂爲所立猶未成宗要須去其五失方成宗也下出違義不能遣也

若非違義言聲所遣

非違義言聲即是離五過眞宗言所目義與有過宗相違故名相違義若有過宗便爲彼有過相違眞義所遣若無過宗便非爲彼有過相違眞宗所遣即此宗若非彼五過宗言所遣名爲眞宗此即五過宗相擬議中當其能遣眞宗爲所遣也下出

能遣顯此能遣不能遣眞宗又釋似宗望眞宗非是能遣以有過故故言非彼相違義言聲所遣謂眞宗有所遣下舉五過望其眞宗但爲所遣顯非彼爲能遣也卽是釋頌第四句

如立一切言皆是妄

此自語相違過也謂有外道立一切語皆悉不實此所發語便有自語相違何故說一切語是妄者汝口中語爲實爲妄若言是實何因言一切皆是妄語若自言是妄卽應一切語皆實若復救云除我口中所語餘一切語皆妄者更有第二人聞汝所說一切語皆是妄卽復發言汝此言諦實彼人發語爲妄爲實若言是妄汝語卽虛若言是實何故便言除我所說若復救言除道我語此一人是實餘一切語皆悉是妄若爾更有第三人復云此第二人語亦是實此第三人語爲虛爲實若言是虛此第二人並初人語是實應妄若第三人語是實何故言除我及此人餘虛妄耶

或先所立宗義相違如獼狐子立聲爲常

此自教相違也鵂子宗中先立聲是無常設立聲是常便於自宗中違先所立

又若於中由不共故無有比量爲極成言相違義遣
如說懷兔非月有故
此世間相違也謂若於所立宗中由不共故者如月唯懷兔者是月更無餘同類法是月此月於餘法更無故名不共亦如所聞性故因此因不共由月是不共法故卽無同喩等不成比量故云無有比量有愚人見無比量成立爲月遂卽成立言是非月雖爲此立然爲世間共說是月相違義遣言極成者世間共許是月也言者說月之言也相違義者卽言詞所詮共許月義卽此共許月義能遣其所立懷兔非月義若準此釋前言非彼相違義能遣者非謂似宗與眞宗相違名相違也謂若立宗有其過失卽與五種道理相違卽此道理與似宗相違名相違義眞宗旣順道理則不同彼似宗爲相違義遣故言非彼相違義能遣問如自言相違以何爲道理耶答卽前敵論人所知道理合成自言相違過失卽是道理也指事則如說懷兔非月宗有故因如日等喩

又於有法卽彼所立爲此極成現量比量相違義遣
如有成立聲非所聞瓶是常等

此文有二過謂現量相違及比量相違也言又於
有法者是宗有法如言聲或言瓶也即彼所立者
謂即彼立論人於聲有法上立非所聞法或於瓶
上立是常法也亦可即彼者即彼有法上非所聞
義及常義爲立也即是宗家法也言爲此極成現
量比量相違義遣者五識是世間共許現量瓶盆
等是世間共許比量謂共知未有而有有已還無
以前後二無比知中間非常而立言聲等非所聞
等瓶等是常等雖如此立然爲世間共許現量比
量相違義所遣也下指事如立聲非所聞現量相

違也瓶等是常比量相違也問何故此中瓶偏言
於有法耶答言等等者舉瓶等餘盆等也又釋宗云
等者等上五過乃至初過中我母是石女等問何
故宗九過但說五耶答後四過者天主漫立也且
如所別不成自是因不成過能別不成自無同喻
過如前解俱不極成即合前二二既非過此亦非
過至相符極成如立聲爲所聞此本不成宗何者
夫與立論須立敵論相違方始立宗如聲是所聞
無不共許何成立宗本自無宗說誰爲過如有比
丘可說持與犯於若無比丘說誰持犯也此亦如

是是故唯五是過。問須立敵相違方立宗者。何故前說宗有三種共許亦名宗耶。答。下文佚失

諸有說言宗因相違名宗違者此非宗過

上來辨正宗過。自下第二顯邪宗過。古因明師及小乘外道更立第六宗過名宗違過。以立因與宗相違故亦應名因違過。然以宗先說故名宗違過。今陳那牒取非之故云此非宗過。

以於此中立聲爲常一切皆是無常故者

以於聲明論中有立聲是常宗一切皆是無常故因然古諸師言彼聲常爲宗而以皆無常爲因此宗與因相違故是宗違過。今陳那牒取言是喻過或是因過非是宗過。不同餘因明師成立也。

是喻方便惡立異法

一切皆是無常之言。此是喻非因也。其故字是第五轉聲。即是因義。彼聲明論師但將因門方便立此喻也。故言是喻方便。雖方便立喻。而復倒離異法喻也。故更立異法。上言是喻。即異法喻。

由合喻顯非一切故

此顯彼方便立喻。陳那復以彼喻合顯無有此因。何者。如立聲是常。以一切皆是無常爲異法喻。此

異法喻應云諸無常者法是一切卽以此異喻反顯成彼同喻應言非一切者法是其常由此同喻合故。卽知聲是常宗以非一切故爲因也。

此因非有以聲攝在一切故

此非一切故因。於宗上非有以卽此聲上攝在一切中故音聲上彼此不許有其非一切義卽是兩俱不成因。

或是所立一分義故

或可彼救云聲上亦有非一切義。謂此聲但是一聲非餘一切故。亦有非一切義爲因者。若爾此因

卽是所立一分義故謂所立宗有二分有法及法。既是一聲故名非一切。此非一切因與所立中有法聲何別然非一切言唯在聲一法上故不同所作性因通餘法上。故言此但是所立一分義然不成因。此亦多俱不成。若以自謂爲因義邊或可是他隨一不成也。

此義不成名因過失

此非一切因義不成結成過也。

喻亦有過

謂不但立因不成至異法喻亦有過也。

由異法喻先顯宗無後說因無應如是言無常一切是謂非非一切故義然此倒說一切無常是故此中喻亦有過如是已說宗及似宗

謂倒離過也應言諸無常者定是一切而喻離言諸一切者法是無常謂非一切故義者意異法喻中所言一切者但是遮彼因非一切故言是一切上非字卽是能遮下非一切是所遮也由此遮非一切故義所以言一切也卽義當入理論言此中非所作言者無所作中文也

因與似因多是宗法此差別相今當顯示

意因多分是宗家法如六不定及四相違幷正因謂徧是宗法性是宗家法其四不成於宗上無名爲不成旣不成因卽非宗家之法故此唯有四名少餘不定等觧少名多故言多是宗法也餘文可解。

宗法於同品謂有非有俱於異品各三有非有及二

宗法者卽徧宗法性因也其因於同品有是一句於同品非有是第二句於同品有非有是第三句如是於同品有非有等於異品亦作三句如是於同品有非有異品亦爲三句卽是同中有及非有

并俱於異品中各有三句如上言俱者卽是下及二言此俱俱與二卽是有非有三句各有三合有九種。初三者。一於同品有於異品亦有。二於同品有於異品非有。三於同品有於異品及有非有。第二三者。一於同品非有於異品有。二於同品非有於異品亦非有。三於同品非有於異品亦有非有。第三三者。一於同品有非有於異品有。二於同品有非有於異品非有。三於同品有非有於異品亦有非有。如下文指事廣釋也。

豈不總以樂所成立合說爲宗云何此中乃言宗者唯取有法

此下先解宗法兩字。夫宗以有法及法和合名宗。其有法宗上有二種法。一不成法卽聲上無常法。二極成法謂聲上所作性。其所作性要共許始方成其因證不成無常法令極成也。總言心豈不總以樂等者。特解此義先舉外。外格云。心豈不總以樂所成立及法有法和合名爲宗何故此因法所依中宗意不取其法但取有法若唯有法不取其法不應名宗何故頌中乃言宗法耶。問頌中但言其宗不言有法。何故外人知宗是有法而不取法以爲格耶。答。如聲是有法無常及所作性二種法皆屬有法宗故法法自不相屬。雖聲及無常合名爲宗。頌中旣云宗法於同品有故知所作性等因是有法宗家之法。望於同品得有非有俱三種差別。其所作性因非是無常宗家之法。以兩法不相屬故也。

此無有失以其總聲於別亦轉如言燒衣或有宗聲唯詮於法

論主答也。言頌中因法所依卽宗唯有法。此無有失。何者。以其總聲於別亦轉者其宗是總名俱總

言其宗於別有法亦轉。謂但有法亦得名宗。如言燒衣。衣是總名。雖燒衣卽其一通亦言燒衣。此亦如是。法及有法總名爲宗。唯言有法亦名爲宗。是故因法所依之宗亦名宗也。下復舉例。但或有處論文言宗唯詮宗法不詮有法。如是旣唯有宗法亦得名宗。當知但言有法名宗亦無失也。所言宗聲者卽詮宗之名也。

此中宗法唯取立論及敵論者決定同許於同品中有非有等亦復如是

上來釋宗家此下釋法名。卽通是宗法性也。謂此

立宗中欲取宗法爲因者。唯取立敵決定同許所作性宗法。不取無常宗法。立許敵不許故。有亦須立敵決定同許。此所作性因於同品異品有非有等三句類前得。何故但言同品不言異品耶。答。道是宗法性因亦謂同許。故言亦復如是。下釋決定同許所以。

何以故今此唯依證了因故但由智力了所說義非如生因由能起用

何以謂要決定同許方得成因故者。因有二種。一生因。二了因。今此唯依證了因故。謂如立聲是無常。以所作性故。此所作性謂要立敵決定同許聲上有此因義。方成其因。何以如此。如說所作性是所說義。但由立敵智力共知此義是有。方得成因。故言但由智力等也。亦可但由彼此知因智力信知有此所作性因。方成所說聲無常義。若彼不信有所作性。卽不了無常宗義也。亦可但智力者。謂唯敵論人知聲上有所作性因智也。由彼信知有因之力。卽了立論人所說無常之義。亦可並得了所說所作性義。故下文云。令彼憶念本極成故也。

言非如生等者。如種爲芽生因。不由智力知故爲

因不知故亦可爲因。但由種有生芽之用。卽是其
因不由知與不知方成因也。言了因者要由共了
知故方得成因也。故言非如生因由能起用。
若爾既取智爲了因是言便失能成立義
別人難云若爾智爲了因。前說由宗等多言說名
能立此之多言便失能成立義。
此亦不然令彼憶念本極成故是故此中唯取彼此
俱定許義卽爲善說。
論主非前難。汝此難亦不然。因有三種。一者所作
性等義因。二者知所作性等心心法總名智。三者

說所作性等言因。今明言因。令彼敵論人憶念此
聲上有所作性於瓶等同品上本極成定有異品
通無此所作性因敵論人亦先成許有名曰極成。
然恐彼廢忘復須多言令彼憶念本極成義因生
智因也。是故此宗有法中唯取彼此俱決定許有
所作性義於同品定有等如是卽爲善說。
由是若有彼此不同許定非宗法如有成立聲是無
常眼所見故又若敵論不同許者如對顯論所作性
故
由是若彼此立敵俱不許有此因義其因卽不成。

欲反顯要須共許有此因義其因卽成也。由有此
意故遂明四不成過。此卽兩俱不成。謂如立聲是
無常眼所見故。此眼所見彼此俱不許聲宗上法。
故言彼此不同許定非宗法也。餘文可解。
又若猶豫如依煙等起疑惑時成立大種和合火有
以現煙故。
火有二種。一者大種和合火。如炭火等有地大火
大種及四塵和合總名火。此火於山谷等中或有
或無。若性火唯一火大故不名和合。不成立性火
大是有。以性火一切處有故。但欲成立大種和合
火是有云。如入正理勝宗量云。此山谷處四大四
塵是有法。有和合火是法。法及有法合名爲宗。以
現故因。猶如廚等處同喻。
或於是處有法不成。如成立我其體周徧於一切處
生樂等故。

此第四所依不成過。勝論師或於立論之處對佛
弟子立我其其體周徧彼師所以如此立者以彼立
我是常我旣是常意無移轉彼此方所之義。且如
身在此處。其體卽能生苦樂等受用違順等事。更
在彼處亦復如是。豈可常我如所依身從此處移

轉往至彼處受用苦樂事等耶。但可我體周徧各於彼彼違順等至。便生樂等有受用事。亦如於方卽便證得。此亦如是。是故立我其體周徧宗。於一切處生樂等故。因由佛弟子不許有我。故其因所依有法不成。無有法可通故。亦非通是宗法性因故。亦是不成因。然外道因明中唯有前二不成。謂兩俱不成。隨一不成。若異同彼所立。其後二幷攝於前二不成中。謂兩俱猶豫不成及隨一猶預不成。兩俱所依不成及隨一所依不成。是陳那救別義故。遂開爲四也。

如是所說一切品類所有言詞皆非能立。

上來四不成因。且各指事。以爲不成。如是類釋。更於所說餘一切品類有法上所有四不成言辭皆非能立。又釋此總結前。如是所說四不成一切品類所有言辭皆非能立

於其同品有非有等亦隨所應當如是說。

上來明通是宗法性四不成因。自下類釋於同品定有性因亦有兩俱同品不成隨一同品不成猶豫同品不成所依同品不成。其同品中有非有等皆隨所應有四不成。

於當所說因與相違及不定中唯有共許決定言詞說名能立或名能破。

於當所說因是正因也。卽是下文言能立也。相違不定者卽是下能破。此文具足應言於當所說正因中有共許決定言詞說名能立。於當所說相違及不定中唯有決定共許言詞說名能破也。云何相違及不定說能破耶。謂彼立論人因有相違及不定過。其敵論人俱能現彼立因有相違及不定過失。說此過眞立敵俱許卽名能破。

非互不成猶豫言詞復待成故。

以其許方成立破故。隨一不成過是互不成。互不成是立因不是言詞故不能決定能立能破也。言復待成故者如勝論對聲論立聲是無常所作性故。然此所作性因若勝論師以生爲所作卽聲論不成。若聲論以顯爲所作卽勝論不成。卽應復立量更成立聲是生所作宗。隨緣變故。因如鐙餤喩。猶豫不成。若更成立言彼處決定無火以有蚊非煙故。諸有蚊非煙處必定無火。如餘有蚊處。或云若處定有火以近見煙故。如餘近見有煙處。其俱不成及所依不成不可重成。得故不說也。

因明正理門論述記卷第一

因明正理門論述記卷第二

大唐蒲州栖巖寺沙門神泰撰

夫立宗法理應更以餘法爲因成立此法若卽成立有法爲有或立爲無如有成立最勝爲有現見別物有總類故或立爲無不可得故其義云何

總是外人問。夫立宗法用故言立宗法。亦可有法宗衆法故言立宗法。理應更以餘通是宗法性爲因成立此宗家之法無常性也。不成立宗家有法此不格也。若卽餘因法成立有法爲有或成立有法爲無。下更指其事猶如僧佉成立最勝爲有。此

最勝有法。今成立此有法爲有宗現見別物有總類故因猶如多片白檀香皆似本喻。當知二十三諦是別。故知亦有總最勝寂淨。或立爲無者佛弟子卽立最勝爲無最勝是有法爲無是法宗不可得故因猶如兔角同喻。如是以餘因法成立有法。如是所成非宗家法違正理故。問言此義云何。

此中但立別物定有一因爲宗不立最勝故無此失

論主示其成立最勝有無所以。但約二十三諦別物爲有。卽定有一因是法。其所有一因卽是最勝。約二十三諦有法成立最勝爲有。不卽立最勝爲

宗故無以法成立有法之失。立量云。此中二十三諦別物定有一總因宗以是別故因猶如多片白檀同喩。

若立爲無亦假安立不可得法是故亦無有有法過

若立最勝爲無亦約二十三諦假立最勝爲無。以不可得故。立量云二十三諦無有一最勝因宗以最勝不可得故因猶如兔角同喩。又釋云。若立爲無者。如所說最勝性計爲有是有法。我今立爲無是法法及有法得名爲宗。於彼所計最勝上亦假安立不可得故爲因。我今立最勝有法是無爲宗

故。是故亦無有最勝有法過也。應立量云。汝所計最勝是無宗不可得故因猶如兔角喩。問。此云何不有因無所依過。答。因有三。一。或有因唯依有法如所作性因等。如云虛空實有德所依故此因唯依有法。故對無空所依不成。大乘人若對小乘外道等立第八識有小乘等不許有第八識。故對無第八識論若立其因有法不極成故亦是所依不成。二或有因唯依無法謂不可得故。今明不可得因唯依最勝無法於所計法上假立不可得故因。復無有因無所依過。三或有因通依有無謂所作

性等也。是故若立有法爲有敵論必不許有法故。對無有法論。其因必是所依不成過也。若立有法爲無。其有法若立爲無其敵論者雖不得許然不可得故因唯依無法故。無所有依不成過。如對外道言神我是無宗不可得故因猶如兔角同喻。此因雖無所依然無過。

若以有法立餘有法或立其法如以煙立火或以火立觸其義云何

外人問。夫立因之正義。且所作性故因法成立無常宗法。今論問云。若以有法別立餘有法或以有法成立其法。下指其事。如謬立量云。煙有火。煙是有法。火是其法。宗以是煙故因。猶如餘煙喻。然煙之與火俱是有法。彼人以煙有法成立火有法爲宗法。此立卽不是爲以有法立餘有法耶。言或以火立觸者。火是四塵假火是有法。觸言熱觸是法。或立量云。此火有熱觸宗以是火故因猶如餘火喻。此豈不是有法成立法耶。外人不了此二義故問其義云何。

今於此中非以成立火觸爲宗但爲成立此相應物。

論主答。今於此宗因中非以煙爲因成立火宗故。

非是以煙有法成立火有法亦非以火爲因成立
觸爲宗故。以四塵總假火有法成立別觸實法也。
言但爲成立此相應物者但爲成立此煙火及觸
處所有相應物也如立量云此山谷處有火以山
谷四塵爲有法以有火爲法法及有法合爲宗以
此山谷中有煙故因猶如餘有煙處喻。又立量云
此火鑪處有熱觸宗以有火故因如餘有火處喻。
若不爾者。依煙立火依火立觸應成宗義一分爲因
論主破前謬立若不如我所說可如汝所立比量。
卽應以宗義一分爲因。如立宗云聲是無常聲是

有法無常是法法及有法是所立宗義若言聲是
無常宗以是聲故因此以宗中有法爲因故故是
宗義兩分中以一分爲因過汝亦如是前立量云
煙是有法火是法法及有法合成宗義汝立因云
以是煙故豈不是以有法宗義一分爲因耶。又立
量云此火有熱觸火是有法分熱觸是法分法及
有法二分合爲宗義立因云以此火故是亦以有
法宗義一分爲因故不成也以宗義二分是所立
因是能立故不應以所立一分爲能立也。
又於此中非欲成立火觸有性共知有故

論主重破。又於此比量中非欲成立火是有法性
及熱觸是有性。以世人皆共知火及觸有體性故
何謂成立者是立已成過但爲不知火相觸應所
依處有火有觸復謂立量成立也。
又於此中觀所成故立法有法非德有德故無有過
又於此中立論者要觀待前敵論人義方有所立。
謂如佛弟子欲立聲是無常要觀待前敵論人立
聲是常故方立無常爲所立法及有法也。言一切
人既不疑煙下有火無火火復是熱何得相卽成
宗。既要觀待他成所立非如吠世德句有德句不

由觀待而成也。言有德者卽是實句義能有德句
故德句是所有也。應言非如德有德。
重說頌言有法非成於有法及法。此非成有法但由
法故成其法如是成立於有法
重說子頌頌上義也。言有法非成有法者謂不應
以煙有法成立火有法也。言及法者亦不應以火
有法成立觸法也。其熱觸是火家一分義故是法
也。其上句中下五字貫通此法以及字及之言此
非成有法者謂此法不應成有法也。卽是上文以
餘別法成立最勝爲有爲無也。下兩句正義謂但

由因法成立宗法。如是法與有法既不相離亦卽成有法也。此是正義。了由因有所依故如是以法成法時亦兼成立有法。不可以法正成立有法。

若有成立聲非是常。業等應常故。常應可得故。如是云何名爲宗法。

宗法有二。一不極成法。聲上無常以聲論者不許故。此卽宗是法故言宗法。二極成法。卽聲上所作性立敵俱許故。此宗家法故名宗法。上成所明因法在其宗有法上名爲宗法。今陳那既造論所有古因明中立量有隱伏者竝敘入言釋故舉外人疑云。如勝論師對聲論者立宗云聲非卽常立因云業等應常故。謂第三業句往來俯仰等者等取第二德句中苦樂法也。此業等應常之因自是第三業句應常不是第二德句聲上。此卽非宗義之法何得言宗家法故名宗法。又立因云常應可得故。謂此聲應一切時常應可得聞。如是常應可得義於其聲上無此因義。此自他俱不許聲一切時中常爲耳識可得。自是別明常應別得非關聲事。何得言宗家法復名宗法耶。

此說彼過由因宗門以有所立說應言故以先立常

無形礙故後但立宗斥彼因過

此論主通難。此是勝論說彼聲論過。由約因爲門及宗爲門。以立論者。先有所立。後敵論者說應言難也。業等應常說應言故。故知是說彼過言也。以先聲論師對勝論立聲是常宗無形質故因猶如虛空同喻。後時勝論約因宗門以斥彼過。若汝言無形質爲因故德句中聲是常者。第三業句等亦無形質亦應是常也。又汝先立宗云聲是其常。今又約彼宗門以斥彼過云聲若是常者常應爲耳識得。今既其不常聲不常爲耳識得。故知聲非是常。

若如是立聲是無常所作非常故常非所作故此復云何

此更舉外疑云。如勝論對聲論立聲是無常爲宗所作非常故爲因常非所作故爲因。此之二因俱不在聲宗之上。何得言宗家法故名爲宗法。故言此復云何。

是喻方便同法異法如其次第宣說其因宗定隨逐及宗無處定無因故

此下論主量入言通。如同所立所作非常故等非因是喻。然依第五轉聲方便安立所作性因。所作非常故謂法所作者皆非是常故如如瓶盆等是同品法喻。若法是常見非所作如虛空等是異法喻。

如其次第配也。宣說其因宗定隨逐。如犢子隨母。所作非常故是同法喻。若宗無處合無因故常非所作故。言是異法喻。

以於此中由合顯示所作性因如是此聲定是所作非非所作此所作性定是宗法

此之二喻實不在聲上非宗家法。然以此中由同喻合方便顯示聲上有所作性因。謂法所作者卽是無常聲既所作故是無常也。彼立論者文中雖

不作此合意亦有此合故。宗法因在聲上。如是由合喻顯聲定是所作性非是非所作性故此所作性定是宗家法故名宗法。

重說頌言說因宗所隨宗無因不有依第五顯喻由合故知因

此本頌初句頌前同喻第二句頌前異喻。依第五顯喻者。喻是初轉因聲。前云所作非常故常非所作故者。其故字結喻因法是第五轉因聲。依此第五轉因聲說同喻異喻故云顯喻。言由合故知因者由同喻順合由異喻返顯方知其因。此卽依因

聲顯喻藉喻顯因也又解若依五分聲是無常宗
所作性故因法所作者皆是無常猶如瓶等喻聲
旣是所作合喻同法是故無常結今言由合故知
因者由第四分合喻故知聲所作性因文中雖不
說因以宗由合故自知其因故不說也陳那已後
諸因明師云第四合是重說第二因第五結是重
說第一宗故後二分是前三分攝

由此已釋反破方便以所作性於無常見故於常不
見故如是成立聲非是常應非作故是故顯成反破
方便非別解因如破數論我已廣辯故應且止廣諍

傍論

由此前來順反二喻乃得立義即是已釋僧佉唯
立反喻方便立義不成也如僧佉云內身有我宗
以能自動搖及有心識故因諸不能自動搖無心
識者必定無我猶如樹木異喻以無順喻故唯以
反破內身無我之異喻爲方便成立內身有我也
下指要論二喻事以所作性因於無常品見故於
常品不見故具此二喻方立義成勝論對聲論云
如是我成立聲非是常若是常者應非所作性也
以上成論要順反二喻方得與決定解爲因故是

故順成同喩反破異喩。二種喩之方法同爲一決定解。非如數論唯以異喩反破方便爲別生決定解因也。如我破數論唯以異喩成立有我反破方便之因。如我造破數論論有六千頌。我已廣辨數論唯立返破方便爲別解因過。故今於此論中且止廣諍傍論也。造數論師是黃頭仙人。本音劫比羅。此云黃。以頭面黃故也。舊云迦毗羅音訛也。此師立二十五諦義。付受弟子。訖欲入冥。弟子請云。師可留身常住在世。後人若有不信二十五諦。現身爲說其教。卽可常行。師云可爾。爲變一大石作

瑠璃。可數丈許。隱身在中。設人請者。時爲現身。後至陳那出世。破僧佉論弟子不救。仰推其師。陳那往其石所。書破二十五諦義於其石上。以封其上經宿必重救之。陳那重破後若不救方出爲論。如是立破有六千偈。具破二十五諦訖。其石大吼。今言破數論者。指彼所造六千偈破僧佉論。

如是宗法三種差別謂同品有非有及俱先除及字

宗法有二。一不極成法。謂聲上無常法。二極成法謂聲上所作性。今牒上來所列極成法卽是因法。故言如是宗法也。此因有三種差別。一謂同品中

有二同品中非有三同品中通有非有故言及俱。若不置及字恐其有與非有卽亦爲俱若安及字卽顯有非有外別有其俱然先頌中但言宗法於同品謂有非有俱以頌迮故先頌中除及字今長行中方置。

此中若品與所立法鄰近均等說名同品以一切義皆名品故若所立無說名異品

上來已辨宗法故此下但釋同品名也言此中者謂宗法中若品者品謂品別如瓶聲等是宗法無常所依品別也言與所立法鄰近均等說名同品

者若瓶品上無常與聲上所立無常法相似故名鄰近均等故說瓶爲同品類也以一切體義皆名品別故也若於空等品別法法上所立無常宗無說名異品也。

非與同品相違或異

此下牒古師破古因明師釋異品名兩師不同初師云如立聲是無常以瓶等爲同品空等爲異品其空等上能違害宗及同品上無常說名相違此相違說名異品猶如怨家相害名爲相違及至煖爲宗則以冷爲相違爲異品第二師云如立聲是

無常但非無常已外一切皆名異品。今論主解若所立無常宗無處卽名異品不同初師與同品相違後師與宗異故名爲異品故言非與同品相違或異也。

若相違者應唯簡別

如云此處有煖宗以有火故因諸有火處悉皆有煖猶如廚上喻諸無煖處竝皆無火異此是正立。若云此處有煖宗以有火故因猶如廚喻。若有冷處卽無有火如雪山處此以有冷處違有煖處爲異喻故此應唯簡別異法喻異同法喻而已。其異

喻不能返顯宗定隨因。其事云何。若對煖宗以冷違煖爲異法喻者其非冷煖處不知定屬何品。若雖有煖同喻其非冷煖處卽無有火。若準相違異喻諸有冷處卽無有火。其中庸處既非有冷復應有火。異喻乃返合有火之因成不定過。爲如廚上有火處以有火故有煖耶。爲如中庸處火故無煖耶。其有火之因不定故不能定證有煖也。若不以與有煖相違唯以有證爲異法喻者便無有火之因不定過也。若言諸無火處卽無有煖者其冷處及中庸處竝無有火皆爲異品故今其有火之因

定顯有爕故其有火因無不定過也。

若別異者應無有因

此下破第二師。若汝以與宗異故名異品者應無有決定正因也。何者。如立聲是無常。卽聲上無我與無常宗異。卽是異品。然所作性因於無我異品義中有。若爾此因便是不定因。以於異品有故。便無唯同品有異品無。故此決定因無有也。

由此道理所作性故能成無常及無我等不相違故

由所立無處是異品道理。故其所作性因能正成無常旁成無我及空。故言等也。如言聲是無我所

作性故如瓶等是。卽此亦成立聲是無我。以所作性與無我宗不相違故。亦可無我與無常相不違故得同以所作性爲因也。何者。卽聲無有常我可得故亦得言無常亦得言無我。以一切無常法皆無我故。故不相違也。此意欲顯法無常處名爲異品其無我不得名異品也。以卽聲亦無我非離無常處亦於無我有此因故。又釋其所作性因能正成無常卽不同相違名異品。彼不能正成故。何者。如聲是無常所作性故。其虛空等常是相違名異品此相違異品不能正顯聲是無常。以不簡別因

故謂於非相違兔角等中猶疑有因故。若如我釋所立無處名爲異品，亦卽簡去其因，卽顯彼所作性正能成無常也。其所作性若旁成無我，卽不同後師與宗異故名爲異品。若與宗異名爲異品，全無我亦與無常異，亦卽異品。凡異品中卽無有所作性。若爾，其所作性因卽不能旁證無我。若如我釋所立無處因徧非有，其聲亦無我，亦是所立無處，以無常法必無我故，是故所作性因亦能旁成無我。言不相違者，同前二解也。所言等者，等取空以道諦非者，卽是所作性故。

若法能成相違所立，是相違過，卽名似因。

此舉相違因過，顯所作性正證無常及旁成無我等無有過也。言若法者，謂因法也。若因能成相違所立者，如立言眼等必爲他用，卽以積聚性故爲因，以臥具爲同喩。今積聚性因亦能成立所立眼等必爲積聚他用，卽此積聚他用是其所立。卽此所立與前無積聚他用宗正相違，故名爲相違。其積聚性因與此相違所立爲因，故言若法能成相違所立，如此是相違過，名似因也。

如無違法相違亦爾

此出相違過也。謂僧佉本立必爲他用爲正宗以積聚性爲正因本所立宗名爲無違其積聚因正能成立無違宗故名無違法。卽此積聚性因不但成無違宗亦能旁成眼等必爲積聚他用。卽此積聚他用是其所立與前必爲他用宗相返故名相違亦爾。後宗名爲相違當知前宗名無違也。以非得故。

所成法無定無有故

此出亦爾之言也。謂如立眼等必爲無積聚他用爲宗以積聚性故爲因於同品定有所立無處異品偏無。今相違因亦爾。謂所立必爲積聚他用宗無處其積聚性因定無有故。言所成法無有。卽是所立無也。謂必爲積聚他宗是也。定無有故者。卽是積聚性因無也。言積聚性因能成前無違宗於異品偏無。今成相違宗亦於異品偏無故言亦爾。此是眞實相違因也。下舉不定顯非相違因。

非如瓶等因成猶豫於彼展轉無中有故

言積聚性因能成積聚他用。其因決定。非如瓶等因不定也。何者。如立聲是無常所作性故。如瓶等。似說有八難言聲應是瓶以所作性故如瓶此因即有不定過故成猶豫以於彼展轉無中有故謂若立聲是瓶衣等即爲異品此所作性於無瓶處衣上亦有故或復難云聲應是衣所作性故猶如其衣唯衣爲同品瓶等即爲異品此所作性於無衣處瓶等上有故言展轉無中有故其所作性因既於異品中有故不定此一解第二更云此文乘前正因有此文也謂前所作性故能正成無常亦能旁成無我此因決定非如瓶等因成猶豫其文義如向解

以所作性現見離瓶於衣等有非離無常於無我等此因有故

此釋出不定連屬前文總爲一時文也謂以所作性現見離瓶於衣等有者即是上文於彼展轉無中有故謂無瓶處異品衣中有所作性因故是不定非離無常於無我等此因有故者謂若以所作性旁證無我因即決定即是釋上非如兩字也何者如立聲應是瓶此亦縱許成宗也以所作性故猶如其瓶其因於無瓶處衣等上亦轉若聲是無常所作性故如瓶等無常此因非是轉彼瓶等無常處別於餘無我上此因亦轉以瓶等若是無常

卽是無我無有離無常外別有無我有所作性因也。是故所作性因若證無常卽能旁證無我等。其因決定非如瓶等因成猶豫等也。

云何別法於別處轉

此外人問其宗上因法與瓶等同品等別故名別法。卽瓶衣等與宗法處異名爲別處。今問意云。如所作性是聲宗家法。云何宗家法乃於瓶上立有耶。

由彼相似不說異名

論主答也。謂彼瓶上所作性與聲上所作性極是相似總名所作性。不證有異名故。是故亦智相同品瓶等轉。此釋於同品定有性之言。

言卽是此故無有失

言瓶上所作性卽是體聲上所作性極相似故故言卽是猶縷貫兩華其縷一頭貫此華一頭貫彼華。此亦如是總一所作性一頭是聲上一頭是瓶上故。無有別法於別處轉失。以其如一故。若子細分析其聲及瓶上所作性各別也。但可總說一所作性名爲宗法也。

若不說異云何此因說名宗法

外人復難云若瓶上所作性不說聲上所作性異。云何此所作性因說名宗法亦應非宗法以一頭所作性因是瓶上故。

此中但說定是宗法不欲言唯是宗法

論主答也謂此宗法中但說定是宗法然不欲說言唯是宗法若言唯是宗法相瓶上不得有此因性但說於宗上因定是宗法不言其因唯是宗法以因有非宗法者謂所作性因一頭是瓶上故。

若爾同品應亦名宗

外人復難云若所作性一頭是瓶上亦得名因者

亦可其所立無常亦一頭在同品瓶上亦應名宗。

不然別處說所成故因必無異方成比量故不相似

論主答也謂汝外人所難令瓶上無常亦名宗者此不然也何者別處說所成故謂聲望瓶是瓶家別處於此別處成立無常其聲上無常由敵論人不許是無常今以因成立即說聲上無常爲所成立此所立可名爲宗其瓶上無常立敵先成共許不須成立既不須成立何名所成既非所成故不名宗若其所作性因必須立敵共許故言因必無異以此因彼此同許方成因故由共許聲之與瓶

俱有此因故方成比量。故不同所成立宗不共許故方爲宗也。故不相似。

因明正理門論述記卷第二

因明正理門論述記卷第三

大唐蒲州栖巖寺沙門神泰撰

又此一一各有三種

上來總釋宗法。此下解頌中於同品等言。如即此宗法於同品中有三種。謂有及非有及俱。此三一一爲三。故有九種。

謂於一切同品有中於其異品或有非有及有非有

謂三種中初一也。即是於同品中有於異品中有或非有或有非有。此是初也

於其同品非有

於同品三種中第二非有。於異品亦三如前。

及俱

於同品中第三俱也。於異品亦有三如前。

各有如是三種差別

即前非有及俱各有三種也。

若欲無常宗全無異品對不立有虛空等論云何得說彼處此無

勝論對經教立聲是無常以所作性故以虛空爲異品。其經教既不立虛空。云何於彼虛空處說此所作性無。此外人問。

若彼無有於彼彼不轉全無有疑故無此過

論主答也。謂若彼虛空無有。其所作性。於彼不轉。至經教若是敵論定不說所作性於彼虛空轉也。但遮義成故。卽名異品。不要須指有異品法方名異品。雖然對敵論者然須異品言遠離也。問。如兔角等是非有之無。對無常有宗云何非異品耶。答。若遮無常故名爲異品兔角等非無常故亦名爲常應非異品。爲約直詮了異品對無空論轉故明所立於彼處無。若無異品其所立因。於彼不轉合無有說。故無過。

如是合成九種宗法隨其次第略辨其相謂立聲常所量性故或立無常所作性故或立勤勇無間所發無常性故或立爲常所作性故或立爲常所聞性故或立爲常勤勇無間所發性故或立勤勇無間所發無常性故或立無常勤勇無間所發性故或立爲常無觸對故

如是宗法相。同品中有非有及俱三種一一各有三句故。如是合成九種宗法。如其前列次第。今略辨相。先明初三所立。通是宗法性中初於同品有異品亦有。謂立聲常是立宗。言所量性故是立因。

言聲常宗以空等爲同品以瓶等爲異品所量因通常無常品故此因於同品有異品亦有同入理論六不定中第一共也二或立聲無常宗所作性故因猶如瓶等喻此所作性因於同品有異品無故是正因也三或立聲勤勇無間所發宗無常性故因是入正理論六不定中第四異品一分轉同品徧轉此中勤勇無間所發宗以瓶等爲同品此無常因於此徧有以電空等爲異品於彼一分電等是有空等是無上成初同品有異品亦有二同品有異品無三同品有異品有非有是初三也次

明中三相違因初或立聲常宗所作性故因此中常宗以空等爲同品瓶等爲異品所作性因於同品無於異品有是初句二或立聲爲常所聞性故同入理論六不定中第二不共彼論云言不共者如說聲常所聞性故常無常品皆離此因常無常外餘非有故是猶豫因此所聞性其猶何等解云立聲常宗以空等爲同品以瓶等爲異品所聞性者是六句義第四有句義此因常無常品法無此因故是於同品無異品亦無是第二句相違因也或立聲常宗勤勇無間所發性故因此中常宗以

空等爲同品電瓶等爲異品勤勇無閒所發性因於空等一向無於異品中瓶等有電等無故此因於同品一向無於異品有及非有是第三句也。上來初句同品無異品有第二句同品無異品亦無。第三句於同品無於異品亦有亦無總是中三句也。次後三句中。或立聲非勤勇無閒所發宗無常性故因。此同入理論六不定中第四同品一分轉異品偏轉者。如說聲非勤勇無閒所發無常故云云。一或立聲無常宗勤勇無閒所發故因。此中無常宗以電瓶等爲同品勤勇無閒所發因於瓶等

有於電等無其無常宗以空等爲異品勤勇無閒所發因於彼偏無。是第二句。此亦正因。三或立聲爲常宗無觸對故因。同入理論中第五俱品一分轉者。如說聲常宗無質礙故因此中常宗云云。解云。上來初句同品有非有異品偏有。二同品有非有異品偏無。三品同有非有異品有非有。總是後三。

如是九種二頌所攝常無常勤勇恆住堅牢性非勤遷不變由所量等九所量作無常作性聞勇發無常勇無觸依常性等九

如是九宗九因二一頌攝也。一常二無常三勤勇初三宗。一恆二住三堅牢性此中三宗。一非勤二遷三不變是後三宗。由所量等九者。所量性是初宗因由字是第三轉聲。前之九宗由所量等九因來也。一所量二作三無常是初三因也。一作性二聞三勇發是中三因也。一無常二勇三無觸是後三因也。此之九因是宗法復依前常性等九宗立也。依字是第六轉聲。

如是分別說名爲因相違不定故本頌言於同有及二在異無是因翻此名相違所餘皆不定

如是分別九因中。二因說名爲正因。二因說名爲相違因。五因說名爲不定因。前二頌是因論生論旁生。頌自下一頌是根本論正頌。故云本言也。二正因中。一於同品徧有故言於同品有。二於同品有及非有故云於同及二。此之二同在異品徧無合是正因。故云在異無是正因也。翻此名相違者翻此二正因卽名二相違因。故言翻此名相違。應作頌云於同品徧無在異有及二也。所餘皆不定者除二正因及二相違因外所餘五種皆不定因攝。上來九因皆徧是宗法性因。然對同品異品有此九句不同四不成因非徧是宗法性因故此中不說。

此中唯有二種名因謂於同品一切徧有異品徧無及於同品通有非有異品徧無於初後三各取中一

於九因中故云此中唯有二種名爲正因七非正因謂於同品一切有異品徧無是初正因及於同品徧有非有異品徧無是第二正因也此二因於初三中及後三中各取中間一因謂或立聲無常宗所作性故因此因於同品徧有於異品徧無是初三中之因也第二或立聲無常宗勤勇無間所發性故因此因於同品一分轉異品徧無是後三因中之因也。

復唯二種說名相違能倒立故謂於異品有及二種於其同品一切徧無第二三中取初後二

次明二相違因不但正因唯二相違因亦唯二故云復唯二種說名相違其所立因能返前宗故云能倒立故又釋返前二正因故云能倒立正釋頌本翻此名相違下指其事謂一相異品徧有二相異品有及非有故云及二種此之二因於其同品一切徧無其二因者是前第二三中取初一及後

一合爲二二故云第二三中取初後二也前明第二三中初者或立聲爲常宗所作性故因其聲常宗以空等爲同品此勤勇無閒所發性因於此徧無其聲常以電瓶等爲異品此勤勇無閒所發性因於瓶等有於電等無故此因於同品徧無於異品有及非有也

所餘五種因及相違皆不決定是疑因義

九因中許前二正因及二相違外餘有五種望前二正因及二相違因皆不決定是正因亦不決定是相違故是疑因之義也

又於一切因等相中皆說所說一數同類

前頌中九因總爲三類二是正因二是相違因五是不定因依西方有三種言謂一言二言多言既正因有二應二言中說相違有二應以二言中說不定有五應以多言中說何故頌中但以一言中說正因乃至一言中說不定故前頌中二正因總名正因二相違亦總名相違因五不定因亦總名不定因言又於一切因等相中皆說所說一數同類者如前頌中所明一切亦正因等取二相違五不定相中雖有二因應二言中說五不定應多言

中說然前須中皆一言中說者。若法法同相皆不可說。今就意識相分於二正因上現一正因相分括二正因上。如綫貫華此是彼立爲一數可言說法。又其二正因上假立一法種類亦可言說故言「皆說所說一數同類」二相違因總說爲一相違因類。五不定因總說爲一不定因亦爾。

勿說二相更互相違共集一處猶爲因等。或於一相同作事故成不徧因。

若如勝論第二德句義中有一實數括二因上名一正因復有一第五同異句義括二因上令二因

相似名爲同類相違不定亦爾。今陳那破若以實一數及實同類括二因上說爲一正因或一相違或一不定者便捨本因自相不得爲本因。文中先非一實數故云「勿說二相乃至「猶爲因等」其事云何。如二因若別合說即成一正因如勝論師對聲論師立聲無常宗所作性故因猶如瓶等喻。更於後時別合聲論師對勝論師立聲是常宗。所聞性故因猶如聲性喻。此二師後別立故皆無過。若此二師同一時說合此二因爲一數及一同類括布便轉作相違因。

理應四種名不定因二俱有故所聞云何

此古因明師不許四不定外別有不共不定。故徵問云。以道理言之。除決定相違餘四不定於同異二品若徧不徧皆悉俱有。以攝屬異類法故。此因可名不定。今聲論對佛弟子立所聞性因。旣不屬異類。何故所云不定。爲顯此難立比量云。所聞性因非不定攝宗異品無故因猶如正因喩。又所聞性因非不定攝宗同品無故因如相違因喩。

由不共故

此下陳那答。此句是總。餘四不定屬同異二品不唯屬一故是不定。今所聞性成不定因由不共故。謂如山中樹木無的攝屬。然有或屬此人彼人之義。故是不定。今此所聞性因亦爾。不在同異二品之上。然容卽通是二品之義。觸通同異二品無定所屬。故名不定。

以若不共所成立法所有差別徧攝一切皆是疑因唯彼有性彼所攝故一向離故

此解上由不共故。以若前不共所聞性因所成宗法若常無常等所有差別。徧攝佛法衞世僧佉尼楗子一切所立自許宗法皆是疑因。謂佛法立色等十八界立聲是色界或云聲界乃至或云聲是法界或云無常等宗所聞性故因若衞世師立六句義立聲是實句乃至或云聲是和合句義宗所聞性故因若僧佉立二十五諦義立聲是自性乃至或云聲是神我宗所聞性故因若尼犍子唯立有命無命兩句義謂有動搖增長之者名有命若不動搖無增長者名無命立聲是有命或云聲是無命宗所聞性故因徧攝如此等類一切法宗此所聞性因皆同異品無不能令宗體性決定是疑因下釋比量所聞因唯彼有性有法之聲卽彼有法聲之所攝不爲唯同品所攝或唯異品所攝故成不定又釋言唯彼有性者卽所聞性因也彼所攝者卽所聞性因爲彼有法聲所攝也上雖釋直難未解比量爲破前量故云一向向者面也邊相也卽因有三相或名三面三邊也此所聞性因離一相故名離一向謂離同品有相向也此因有徧是宗法異品徧無闕同品定有故闕一向若如相違因闕同品徧有及闕異品徧無故是兩向離故此量云所聞性因是不定宗闕一相故因猶如共等四種不定以此四種法闕異品徧無相故是同

喻也。此即與前二量作決定相違過也。
諸有皆共無簡別因此唯於彼俱不相違是疑因性
此下簡不共與餘四不定差別。此簡共不定也。諸
有立因於同異品皆共有性無有簡別。如立聲常
所量性故因唯於彼同異品悉皆徧有俱不相違。
望此義故是疑因性。若不共因於同異二品並皆
非有俱相違故是疑因性所言唯者即簡不共也。
又釋此唯於彼等者。宗有二種。一寬二狹。寬宗者
如云內身無我。除宗已外餘一切法悉是無我故
是其寬。狹者。如立音聲是常。除宗已外即有無常。

故是其狹。因亦有二。一寬二狹。寬者。所量性所知
性等。除此已外更無非所知等故。狹者。勤勇所發
性或所作性等除此已外更有非勤勇所發性或
非所作性等故。若立狹宗言聲是其常立寬因云
所量性故。此因於其同異二品皆共。此因唯於彼
狹宗望同異二品俱不相違是疑因性。若望彼寬
宗云內身無我。此寬所量性因即是正因。或狹因
云所作性故。亦即正因。非不定攝。今簡寬宗故言
唯。文簡狹因故云唯。謂唯此狹宗其所量寬因即
成不定。非於寬宗而成猶豫。又唯此寬因於其狹

宗成其猶豫非彼狹因於彼狹宗寬宗而成不定
也。此其因望寬狹宗有定不定至不共因一向愜
是不定而非定也故有差別。
若於其中俱分是有亦是定因簡別餘故。
若所立因於不定中同異品上俱悉分有不但是
不定因亦是相違及正因也。言簡別餘故者以所
立因不於一分異品轉故是定因論如立聲常宗
無質礙故因諸無質礙悉皆是常猶如虛空同喻
若是無常卽有質礙猶如瓶等異喻以虛空爲同
品以瓶等爲異品既簡瓶等無常有礙法故復望

虛空爲同喻故是正因若望心心法等其因卽成
相違謂聲是無常宗無質礙故因諸無質礙法悉
無常如心心法同喻若是其常卽有質礙猶如極
微異喻此三不定望異品一分無邊卽成決定望
異品一分有邊卽是猶豫其不共因於一切宗無
有定義故有差別。
是名差別
是名四種不定與不共不定差別也。
若對許有聲性是常此應成因
此外人難云汝既云不共因愜不定者若所聞性

因對衛世師許立聲性同異句義體是所聞而是
其常應成正因何故唯云不定。
若於爾時無有顯示所作性等是無常因容有此義
然俱可得一義相違不容有故是猶豫因
此通難也。若衛世師於立論時愚鈍無智不能與
彼聲論顯示所作性或勤勇無間所發性是無常
因作決定相違過者容可對彼衛世此因是定然
衛世於聲論立量之時相違決定必定可得故所
聞因量是不定也。言俱者同立時也。問所聞性容
決定卽言徧攝恆不定餘四別義雖有定應約別

義恆不定。答。餘四義恆是有故不唯不定不共但
對衛世成故言唯不定。下釋此二成猶豫因。一有
法聲義是常無常更互相違不容有故俱是猶豫
此所立宗常與無常雖不可定若論勝負前負後
勝如煞遲碁。
又於此中現教力勝故應依此思求決定
此陳那師理勝負。如前以理而言何非何是者衛
世所立無常者是以現比教力勝故謂一現量力
世間現見聲是間斷有不聞時。二比量教所作性
是比量教力故勝聲論唯比量教故劣也。又佛所

說亦云聲是無常佛於一切說教中勝故衛世勝也故可依此現教二勝思求二量無問前後縱衛世先立以現教勝故理亦是又釋如來現見聲是無常所發言教當佛言教故佛言教是勝可依此勝教思求聲無常又釋教者至教即一切世間所有言教合其理者即是至教世間現見聲從緣起猶如瓶盆體是生滅有不聞時依此現見以發無常至教故衛世義同此故聲無常是也

攝上頌言

言攝上散文也下頌中雖明餘三相違上文中無

以不言唯攝上頌故無過

若法是不共共決定相違徧一切於彼皆是疑因性

此頌六不定也若法者因法也是不共者所聞性因也共者所量性等四因也以共同異品故決定相違者聲論衛世所立決定相違因也徧一切者如此六種不定徧法界一切諸法也於彼皆是疑因性者於彼一切諸法此六法是疑惑不定因

邪證法有法自性或差別此成相違因若無所違害

此頌相違因也若前因法能邪倒證法自性差別有法自性差別然不違害宗如宗五過故或相違

因非宗過也。準上散文。但有法自性一相違因。
觀宗法審察若所樂違害成躊躇顛倒異此無似因
此覆結不定相違。敵論之者觀宗家因法。若言即
是正因。若起審察思量疑不定心即成躊躇六不
定因。言審察者以不定故審察也。若觀宗家因
法違彼立論之者所樂法有法等即成顛倒四相
違因。異此不定相違二似因外更無似因名也。以
古因明師或外道等所聞性因不明不定別作餘
名。決定相違亦別作名。遮此異說故云異此無似
因也。四不成因本非宗法。今望宗法明其似故不

名似因也。又解今望同異二品明其眞似。不說不
成故也。

如是已辨因及似因喻及似喻今我當說

此結上生下也。邊梵本云達利瑟吒案多此正解
為見邊。立因但徧是宗法義顯同有異無不彰。令
解宗之見不至究竟。今以喻重顯同有異無二相
令解宗之見至其喻極。故云見邊也。今且同舊翻
名名為喻即曉喻。

說因宗所隨宗無因不有此二名譬喻餘皆此相似

說因宗所隨者即同法喻也。先說其因宗即隨逐。

如言法所作者皆是無常但所作性知處其無常性必定隨知猶如牛母去處犢子必隨此意所作性者至瓶等上其無常性亦必隨至瓶盆等上故知所作性因成至聲上其無常性亦來其聲上也瓶上無常其許故實非是以似宗故名宗也宗無因不有者卽異法喻也先說宗無後說因無如言法常住者卽非所作但是無有所立宗處謂虛空等此所作因必不有此猶如母牛不行之處犢子不行此處無有無常宗如虛空等其所作因必定非有故知音聲有所作因定是無常也此二名譬

喻也餘皆此相似者此二正喻之餘皆是此正喻之相似喻

喻有二種同法異法同法者

此牒舉也

謂立聲無常勤勇無間所發性故

舉宗因也此但略舉其所作性因亦同此也

以諸勤勇無間所發皆見無常

此喻體也

猶如瓶等

舉喻所依事也正取喻體但是所作合無常爲喻

者義兼取也。以此同喻即是因三相中之一相故。既更無別法。故但所作是其正喻。然以喻身能證無常故兼取無常以爲喻。因中何不兼取無常。答。因言所作性故此之故言即兼取上宗謂所作性故是無常言中雖不定彰而故言合取宗無常也。然似宗因別。故因外說宗。今喻中雖有因宗同。欲彼所作性同證無常義故兼入喻中不名宗。餘上下文亦說瓶上無常以爲宗者自據宗之類故假名爲宗也。其異法喻亦正取因無兼取宗無。一如同喻解釋。

異法者

此牒舉也。

謂諸有常住見非勤勇無閒所發

此喻體也。

如虛空等

此舉喻所依事也。等者等取擇滅非擇滅若大乘等取七無爲也。若衛世等隨其許者皆等取也。

前是遮詮後唯止濫

此簡二喻差別。前者同喻也。後者異喻也。諸法有二相。一自相唯眼等五識等得非散心意等得也。

二共相卽散心意識等得也。名言但詮共相不能詮表諸法自相。以自相離言說故詮共相要遮餘法方詮顯此法。如言青遮非黃等方能顯彼青之共相。若不遮黃等喚青黃卽應來故一切名言欲取其法要遮餘詮此無有不遮而詮法也。然有名言但遮餘法更無別詮。如言無青更不別顯無青體也。今同喻云。諸是勤勇無間所發遮非勤勇無間所發顯勤勇無間所發。皆是無常遮是常住詮顯無常生滅之法。故云前是其遮後是詮也。其異法喻云諸常住者但遮無常故云常住不欲更

別詮常住卽非所作但欲遮其所作不別詮顯非作法體此意但是無常宗無之處皆無所作。但是止濫而已不欲詮顯法體故言後爲止濫也。

由合及離比度義故

此釋上差別。由同喻合本宗因而比度故故是遮而得詮。以本宗因是遮詮故。由異喻但欲離本宗因而比度故故唯止濫不欲別有詮表也。

由是雖對不立實有太虛空等而得顯示無有宗處無因義成

此顯立一切義對一切宗皆有異法喻也。由如上

解異法喻意故雖對經教等不許有彼太虛空性
然以虛空爲異喻而得顯爾但無宗處亦如龜毛
等無因義成爲異法喻不必要取有體爲異法喻
設有所詮此亦無妨也
復以何緣第一說因宗所隨逐第二說宗無因不有
不說因無宗不有耶
此餘八問汝論師何因緣故第一同喻先說立因
後說宗隨第二異喻先說宗無後說因無而不同
同喻先說因無後說宗無義準異喻既先說宗無
後說因無同喻何故不先說其宗後說因耶

由如是說能顯示因同品定有異品徧無非顛倒說
此下現此先長行說之由如是二喻先後不同說
故便能顯示勤勇因同品上定有異品徧無故非
顛倒說若同品中言聲是無常宗勤勇發故因若
言諸無常者皆勤勇發爲同喻者卽同品不定有
以電是無常品然無勤勇因故若異品言諸非勤
勇所發卽是常者然電等雖非勤勇發而非是常
故不得言非勤勇發卽是常也
又說頌言應以非作證其常或以無常成所作若爾
應成非所說不徧非樂等合離

此舉頌答也。言等合離者此牒難也。合卽同喻離卽異喻等卽類也。若汝外人言以合彰離先宗後因以離彰合先因後宗者。前之二句文答所作徧因。復有四字文答勤勇無閒所發不徧因也。若以離彰合先因後宗者。卽應以非作性因證其常住以云諸非作者皆是常故。若如此者卽應成立非汝根本所說無常宗自別成立常住爲宗。故云應成非所說。又空常住立敵俱許何須成立。若成立者卽應成非所說宗。故云應成非所說。旣不可立無常爲宗別成常義。故不應先說非所作性因後說常以爲宗也。若以合類離先宗後因者。卽應以無常爲因證成所作。以云諸無常法皆是所作故。若如此者卽應成立非汝根本所說無常之宗自別成立所作爲宗。故云若爾應成非所說。又抵所作立敵俱許何須成立。若成立者卽應成非所說宗。故云應成非所說。問抵所作共許不可更成者抵無常同信亦不應更成立。若言諸所作者皆無常助聲所作證無常不可立無常無成抵卽無常過。若以無常成所作不助聲上無常證所作自別成所作故成以所作也。旣不可立無常爲宗別成所作故。不應先說無常後說所作也。言不徧非樂者。此辨非勤勇無間所發性因。言不徧者。非勤勇所發因寬常住宗狹。此宗不徧因故言不徧。又無常寬勤發宗狹。宗不徧因故云不徧。若以離類合先因後宗者。卽應以非勤勇無間所發證其常住。若以合類離先宗後因者。卽應以無常成是勤勇無間所發。若如此爾應成非所說也。遮準前釋。如此之過。不徧勤勇所發性因亦同所作因。今文應言及不徧略故但言不徧。非樂者。此不徧因別成立不定宗過。謂若以離類合言諸非勤勇無間所

發皆是常住者。空等非是勤勇所發而是其常。此卽可樂電等既非常住何得云諸非勤勇所發皆卽是常。此卽異品中有成不定因。此卽成立非自所愛電等體是常。以爲宗也。汝既不樂何得先云諸非勤發皆卽是常耶。又若以合類離言諸無常者皆是勤勇無間所發。盆等體無常而是勤勇無間所發。此卽可樂電等既非勤勇所發何得云諸無常者皆是勤勇無間所發。此卽異品中有成不定因。此卽成立非自所愛電等體是勤勇所發。以爲宗也。汝既不樂何得云諸無常者皆是勤勇無

開所發耶。

如是已說二法合離順反兩喻

此結前如是上來已說二喻是宗家法同喻名合名順喻異喻名離名反喻此二是眞喻。

餘此相似是似喻義

自下名似喻也。餘前二正喻外餘有十喻是此眞喻相似故是似喻義非眞喻義也。

何謂此餘

問也。

謂於是處所立能立及不同品雖有合離而顛倒說

此下答。此文同入理論倒合倒離二喻也。謂於是瓶等處所立無常能立所作是同品也。及不同品者如虛空等是異喻也。雖有合離而顛倒說者雖有同喻合異喻離而倒合倒離也。入理論云「倒合者謂應說言諸所作者皆是無常而倒說言諸無常者皆是所作。倒離者謂應說言若是常見非所作而倒說言若非所作見彼是常。以下佚失

因明正理門論述記卷第三

黃周女士施資敬刻因明正理門論述記三卷連

圈計字二萬二千九百六十六箇籤條尾葉功德
書四十部共支銀一百圓願此功德慧命增長銷
災延福
民國十二年孟冬月二十五日支那內學院識

崇文学术文库·西方哲学

01 靳希平 吴增定 十九世纪德国非主流哲学——现象学史前史札记
02 倪梁康 现象学的始基：胡塞尔《逻辑研究》释要（内外编）
03 陈荣华 海德格尔《存有与时间》阐释
04 张尧均 隐喻的身体：梅洛-庞蒂身体现象学研究（修订版）
05 龚卓军 身体部署：梅洛-庞蒂与现象学之后
06 游淙祺 胡塞尔的现象学心理学
07 刘国英 法国现象学的踪迹：从萨特到德里达［待出］
08 方红庆 先验论证研究
09 倪梁康 现象学的拓展：胡塞尔《意识结构研究》述记［待出］
10 杨大春 沉沦与拯救：克尔凯郭尔的精神哲学研究［待出］

崇文学术文库·中国哲学

01 马积高 荀学源流
02 康中乾 魏晋玄学史
03 蔡仲德 《礼记·乐记》《声无哀乐论》注译与研究
04 冯耀明 『超越内在』的迷思：从分析哲学观点看当代新儒学
05 白　奚 稷下学研究：中国古代的思想自由与百家争鸣
06 马积高 宋明理学与文学
07 陈志强 晚明王学原恶论
08 郑家栋 现代新儒学概论（修订版）［待出］
09 张　觉 韩非子考论［待出］
10 佐藤将之 参于天地之治：荀子礼治政治思想的起源与构造

崇文学术·逻辑

1.1 章士钊 逻辑指要
1.2 金岳霖 逻辑
1.3 傅汎际 译义，李之藻 达辞：名理探
1.4 穆　勒 著，严复 译：穆勒名学
1.5 耶方斯 著，王国维 译：辨学
1.6 亚里士多德 著：工具论（五篇 英文）
2.1 刘培育 中国名辩学
2.2 胡　适 先秦名学史（英文）
2.3 梁启超 墨经校释
2.4 陈　柱 公孙龙子集解
2.5 栾调甫 墨辩讨论
3.1 窥基、神泰 因明入正理论疏 因明正理门论述记（金陵本）

唯识学丛书

01 周叔迦 唯识研究
02 唐大圆 唯识方便谈
03 慈 航 成唯识论讲话
04 法 舫 唯识史观及其哲学
05 吕澂唯识论著集
06 王恩洋唯识论著集
07 梅光羲唯识论著集
08 韩清净唯识论著集
09 王恩洋 摄论疏
10 王恩洋、周叔迦 唯识二十论注疏（二种）
11 王恩洋、周叔迦 因明入正理论释（二种）
12 无著、世亲等 唯识基本论典合集
13 太虚、欧阳竟无等 唯识义理论争集
14 王夫之、废名等 诸家论唯识
15 熊十力等 新唯识论（批评本）
16 太虚唯识论著精选集
17 唯识所依经三种合刊（藏要本影印）
18 唯识十支论·无著卷（藏要本影印）
19 唯识十支论·世亲卷（藏要本影印）
20 成唯识论（藏要本影印）
21 田光烈唯识论著集
22 欧阳竟无 唯识讲义
23 罗时宪 唯识方隅
24 倪梁康 八识规矩颂注译（二种）
25 杨廷福 玄奘年谱
26 金陵刻经处大事记长编（1864—1952）